桑沟湾不同养殖模式下
生态系统服务和价值评价

刘红梅　齐占会　张继红　毛玉泽　方建光　著

中国海洋大学出版社
·青岛·

图书在版编目（CIP）数据

桑沟湾不同养殖模式下生态系统服务和价值评价/刘红梅
等著 . 一青岛：中国海洋大学出版社，2013.12

ISBN 978-7-5670-0515-0

Ⅰ. ① 桑⋯　Ⅱ. ① 刘⋯　Ⅲ. ① 海水养殖－养殖场－农
业生态系统－系统评价－山东省　Ⅳ. ① S967

中国版本图书馆 CIP 数据核字（2013）第 305391 号

出版发行	中国海洋大学出版社		
社　　址	青岛市香港东路 23 号	邮政编码	266071
出 版 人	杨立敏		
网　　址	http://www.ouc-press.com		
电子信箱	appletjp@163.com		
订购电话	0532－82032573（传真）		
责任编辑	滕俊平	电　　话	0532－85902342
印　　制	日照日报印务中心		
版　　次	2014 年 8 月第 1 版		
印　　次	2014 年 8 月第 1 次印刷		
成品尺寸	170 mm × 230 mm		
印　　张	11.5		
字　　数	200 千		
定　　价	30.00 元		

序
Preface

生态系统是生物圈中最基本的组织单元,也是其中最为活跃的部分。生态系统不仅为人类提供各种产品,同时在维系生命的支持系统和环境的动态平衡方面起着不可取代的重要作用。全面了解并恰当评价生态系统服务已成为生态学和生态经济学研究的热点及前沿之一。

早在人类社会发展初期,人们就已朦胧地认识到生态系统服务对人类社会发展的支持作用,直到20世纪70年代,生态系统服务才开始成为一个科学术语及生态学与生态经济学研究的分支,同时生态系统服务全面的科学表达及其系统的定量研究也始于此。现在,生态系统服务及其价值评估研究已经吸引了众多研究者及政府管理者的广泛参与和关注。

在中国,海水养殖是一项重要的海洋生产活动,其产量居世界首位。以往,一提起海水养殖对环境的影响,人们往往会产生误判,认为海水养殖造成污染,对环境产生较大的负面影响。但是,中国海水养殖过程中有80%左右的养殖对象是不投喂饵料的,如贝类和藻类等,这些养殖生物在成长过程中直接或间接地消耗水体中的碳和氮、磷等富养物质,形成了显著的碳汇功能。事实上,中国的海水养殖活动也是利用海洋生态系统的服务功能提升食物供给功能的一种重要的方式。海洋生态系统服务及其价值逐渐为人们所认知,但与其他类型的生态系统相比,海水养殖生态系统服务方面的研究还存在着很大的差距与不足,特别是缺少一些原创性研究工作,这方面的价值也常常被忽视,所以应该有一个评估的体系,使这部分价值得到体现。

桑沟湾是山东省和我国北方最典型的增养殖海湾之一,自上世纪60年代就已经开始养殖活动。目前该湾养殖活动已经延伸至湾口以外,养殖品种达三十多种,养殖模式达十几种,特别是近年来发展起来的多营养层次综合养殖模式(Integrated multi-trophic aquaculture, IMTA),利用不同层次营养级生物的生态学特性,在养殖环节使营养物质循环重复利用,提高产出的同时减少了对环境的影响,这种养殖模式对保障人类食物安全,减轻环境压力都具有不可估量的作用。同时,桑沟湾作为我国典型的养殖海域,国内外学者纷纷选择该湾开展养殖容量、生态优化养殖模式、养殖水域生态调控与环境修复、健康养殖技术等方面的研究,已经成为国内外知名的集生产和科学研究为一体的特色海湾。

　　本书以桑沟湾养殖系统不同养殖模式为切入点,以生态系统服务与可持续发展理论为基础,在前人研究的基础上,通过历史数据分析和大量实地调查,借助系统评估和数学建模等多种方法,研究了不同养殖模式下桑沟湾养殖海域生态环境现状,揭示了不同养殖模式下桑沟湾生态系统服务的长期演变,分析了不同养殖模式对生态系统的正面效应和负面影响,并进行了货币化的评估;并基于所建立的生态可行性指数和经济可行性指数筛选与优化生态系统服务和价值最大化的养殖模式,通过构建可持续产出预测模型,对优化后的养殖模式进行产出预测,提出管理的建议。这些研究从生态经济学角度提出持续利用近海生态系统服务的模式和预测模型,为研究健康养殖和发展新生产模式提供新的思路。该著作部分成果曾被"联合国发展计划署－全球环境基金(UNDP–GEF)"关于"大海洋生态系统气候变化和可持续的前沿发现(Frontline Observations Climate Change and Sustainability of Large Marine Ecosystems)"报告选用。总之,希望本书的出版为探索养殖海湾生态系统服务和价值评估科学方法,推动我国海湾生态学研究和养殖生产的健康与持续发展有所贡献。

唐启升

中国工程院院士
中国科协副主席
2013 年 12 月于青岛

目 录
Contents

第一章

绪　言

第一节　生态系统服务内涵

一、生态系统服务的提出及内涵

生态系统服务是指自然生态系统及组成它们的物种维持和满足人类生命的条件和过程(Daily, 1997)。它不仅为人类提供食物、医药及其他工农业生产原料，更重要的是支撑与维持了地球的生命支持系统，如调节气候、维持大气化学的平衡与稳定、维持生命物质的生物地球化学循环与水文循环、维持生物物种与遗传多样性、减缓干旱和洪涝灾害、植物花粉传播与种子扩散、土壤形成、生物防治、净化环境等。

其实早在人类社会发展初期，人们就已朦胧地认识到生态系统对人类社会发展的支持作用。早在古希腊，柏拉图就认识到雅典人对森林的破坏导致了水土流失和水井的干涸。在美国，George Marsh（1864）也许是第一个用文字记载生态系统服务功能作用的人，他在 *Man and Nature*（人与自然）一书中记载：由于受人类活动的巨大影响，在地中海地区，"广阔的森林在山峰中消失，肥沃的土壤被冲刷，肥沃的草地因灌溉水井枯竭而荒芜，著名的河流因此而干涸"。同时他还指出，水、肥沃的土壤，乃至我们所呼吸的空气都是大自然与其生物所赐予的。19 世纪后期，许多学者从人与自然相互关系的角度探讨了以生物为主体的自然界与人类生存的关系，特别是生态学的形成与发展对于认识生物及其组成的各种生命系统的功能起到了重要的推动作用。20 世纪 40 年代，随着生态系统概念与理论的提出和发展，人们对生态系统结构与功能有了进一步的认识与了解，这为人们研究生态系统服务提供了科学基础。自 20 世纪 70 年代以来，生态系统服务开始成为一个科学术语及生态学与生态经济学研究的分支。1970 年出版的 *Study of Critical Environmental Problems*（关键环境问题研究）首次使用生态系统服务"Service"一词,并列出了自然生态系统对人类的"环境服务"功能,包括害虫控制、昆虫传粉、渔业、土壤形成、水土保持、气候调节、洪水控制、物质循环与大气组成等方面。1974 年,Holdren 与 Ehrlich 在 *Human population and the global environmen*(人口和全球环境)一文中论述了生态系统在土壤肥力与基因库维持中的作用,并系统地讨论了生物多样性的丧失将会怎样影响生态服务功能,以及能否用先进的科学技术来替代自然生态系统的服务功能等问题,认为生态系统服务功能丧失的快慢取决于生物多样性丧失的速度,企图通过其他手段替代已丧失的生态服务功能的尝试是昂贵的,而且从长远的观点来看是失败的。

生态系统服务全面的科学表达及其系统的定量研究出现在 20 世纪 70 年代,此后,世界上许多学者在个别生态系统深入研究的基础上,对全球生态系统的服务功能进行了初步评估。1997 年 Costanza 等把大量的、分散在这一领域的研究加以总结,把生态系统的服务功能归纳为 17 种类型,分别按 10 种不同生物群区的总面积推算出所有生物群区的服务价值。据他们初步估算,就整个生物圈而言,这一服务的价值是巨大的,每年提供的服务价值至少 33 万亿美元。随后,这一概念及其内容又得以进一步具体和丰富,人们通过不断深入认识,生态系统服务逐渐成为生态学研究领域的新热点。

尽管国内外学者对生态系统服务的概念给出了不同的描述和表达,但对其科学内涵的理解在逐步地完善和明确。如 Daily(1997)将生态系统服务定义为"生态系统服务是指自然生态系统及组成它们的物种维持和满足人类生命的条件和过程。它维持生物多样性及生态系统产品的生产"。Daily 认为生态系统服务包括了功能和过程。在 Costanza 等(1997)的定义中,生态系统服务是指人类从生态系统功能中获得的收益,功能包括过程,两者一起提供生态系统服务。Costanza 等人认为生态系统产品和服务是指人类直接或间接从生态系统功能中获得的收益。De Groot 等(2002)则认为过程带来功能,功能提供服务,并将生态系统功能定义为"提供满足人类需要的产品和服务能力的自然过程和组成"。分析以上关于生态系统过程、功能、服务的代表性定义及相关文献可以发现,对"生态系统功能"一词的理解多种多样,甚至是互相矛盾的解释,有时整个概念被用来描述生态系统的内在功能,如维持营养物质循环等,有时又用来描述人类从生态系统结构和过程中得到的收益,如食物产出等。在本研究中,我们将所有收益统称为"生态系统服务",因为,有时很难确定生态系统提供的收益是一个"产品"或者是一个"服务";同时,一个过程可以影响多种"服务",反过来,一个"服务"可能是由多个过程所致。

二、人类活动对生态系统服务的影响

人类为了维持自身的生存与发展就必须从生态系统中获得产品，或改变地球上主要生境的规模和结构来生产所需的产品，也就是说，人类维持自身的生存与发展就是人类充分利用生态系统服务的过程。过去，由于人类对生态系统服务及其重要性不甚了解，人类对自然资源的过度开发和向生态系统中大量排放生活、生产中的污染物导致了一系列威胁人类生存与发展的生态环境危机，其实质就是无序的人类活动致使生态系统服务受到损害和削弱。

人类活动通过改变生境、生态系统结构和生物地球化学循环三种方式对生态系统的服务产生影响（郑华等，2003）。土地开垦、水资源开发利用、森林砍伐、过度放牧、城市化等人类活动使生境特征发生显著改变，影响生态系统的物种组成与功能，损害生态系统生物多样性的产生与维持功能以及提供生态系统产品的能力，导致生物多样性下降、物种丧失和生物入侵（Wilson，1992；Saunders et al，1991）。人类对水生生境的破坏，还会削弱生态系统提供生态产品的能力，导致作为主要蛋白质来源的鱼类食品的减少（Humborg et al，1997）。农业、化石能源消耗、工业化等人类活动排放的污染物进入生态系统中，严重影响了生态系统生境的环境质量，同样也损害了生态系统维持生物多样性和提供生态系统产品的功能。对海洋生境的影响是非常明显的。赤潮发生频率增加，对海水养殖业造成的经济损失非常巨大（叶属峰等，2004）。渔业捕捞、狩猎、国际贸易等人类活动使生态系统的二级结构发生变化，导致生物种类减少，种群数量下降，层次结构发生变化等，降低了生物多样性的维持能力和生态系统产品的供给功能（郑华等，2003）。

人类活动对生态系统服务的影响相当复杂，一种人类活动方式可以影响多种生态系统服务；反过来，一种生态系统服务的影响也可能由多种人类活动所致。目前人类已经逐渐认识到维护、保育生态系统服务的重要性，正以加强生态系统管理等方式来恢复和保育生态系统的服务，并取得了一定进展。

第二节　国内外相关研究进展

一、海洋生态系统服务研究

海洋是地球环境的调节器，是人类生命支持系统的重要组成部分（Chukwuone et al，2009）。海洋中不但有现实开发资源，还有潜在战略资源，是支持人类持续发展的宝贵财富。海洋生态系统在食品供给、气候调节、有害生物和疾病的生物调节与控制、干扰调节等方面起着极其重要的作用,同时也是重要的物种基因库,是生物多样性的富集地(Costanza et al, 1999, 2002; Daily et al, 1995)。Costanza 等 1997 年的研究结果表明,在全球的生态系统所提供的服务中有 63% 来自海洋,37% 来自陆地,可见,海洋生态系统为人类社会经济的发展提供了相当重要的支持。随着研究、开发利用海洋的理论和技术的不断发展,人类对海洋生态系统价值的认识在继续深化,近年来,海洋生态系统服务和价值评估已成为国内外相关学者的研究重点(Daily, 2000; Duarte et al, 2000, 2003; Engelhardt et al, 2001; 曾江宁等, 2005)。

国外对海洋生态系统服务的研究起步较早。King(1995)采用支付意愿法计算了英国英吉利海峡边的 Eastboune 度假沙滩 1993 年度的休闲娱乐价值为 4.50×10^6 英镑。Costanza(1999)分析了海洋的生态价值、经济和社会价值,倡导重视海洋生态系统服务研究。Moberg(1999)讨论了珊瑚礁生态系统服务的内涵和分类体系,分析了 4 种类型的珊瑚礁产生的服务,除物质生产以外,珊瑚礁还提供了物理结构服务(如海岸带保护)、生物服务(如生物多样性)、生物地球化学服务(如 N 固定)、信息服务(如对气候变化的记录)和社会文化服务(如休闲)等。Ronnback(1999)归纳和整理了红树林的多项产品和服务,并研究了红树林对渔业生产的支持作用。Duarte(2000)研究海草部落,证明了高物种多样性支撑着较强的生态系统功能和生态系统服务。Moberg(2003)进一步阐明了红树林、海草床和珊瑚礁等热带海洋景观的服务种类,除了物质生产功能以外,其中红树林还可提供 18 种服务,海草床 13 种,珊瑚礁 10 种。Holmlund 和 Hammer(1999)研究了鱼类所产生的 25 种生态服务,包括调节服务(如对食物网动力学的调节)、关联服务(如联系不同的水生生态系统)、文化服务(如灾害控制)以及信息服务(如对生态压力的评估)等。Engelhardt(2001)也得出了类似的结论,即大型水生植物的物种丰度可以提高湿地生态系统功能和服务。尽管许多人认为生物多样性丧失会导致生态系统结构的巨大变化和功能下降,进而影响到人类产生的服务(Costanza, 1997),但最近的研究表明,生物多样性丧失对生态系统的功能和服务的影响十分复杂(Loreau 2001)。Wardle 等(2005)经过 7 年研究指出,尽管功能群或物种的丧失会对关键生态过程产生损害,但对生态系统功能及其服务的影响则很不确定,既与不同生态系统类型有关,也与特定的非生物和生物对生态系统的作用有关。但有一点可以确定,保护生物多样性可以维持生态系统的服务(Balvanera 2001)。Beaumont(2008)等发现西欧 7 个海区生物多样性支撑着 12

个生态系统服务,认为人类从生物多样性获得的效益完全依赖于整个生态系统的状态好坏,实际从整个生态系统获得的效益比实际评估的各项生态系统服务价值之和要高;同时还逐项讨论了英国海洋生物多样性提供的 13 项生态系统服务,并就如何汇总计算进行了探讨。他还指出生物多样性下降引起海洋环境健康退化、渔业潜力降低、娱乐机会丧失等服务减弱。

国内关于海洋生态系统服务的研究起步较晚。韩维栋等(2000)认为,我国现存红树林 $1.364\,6 \times 10^4$ ha,每年提供的生态系统服务价值为 2.365×10^{10} 元。徐从春(2003)则尝试构建我国海洋生态系统服务价值的评估框架。李加林等(2003)的研究表明,江苏互花米草海滩生态系统服务价值平均每年为 1.08×10^9 元,主要是间接经济价值,为 1.02×10^9 元。杨清伟等(2003)采用 Costanza 等的分类系统和单位价值初步估算出广东—海南海岸带的生态系统服务的总价值为 316.97 亿美元/年,其中海域 129.59 亿美元/年。养分循环、水分调节、休闲娱乐和水分供给等服务的贡献较大。Zhao(2004)基于遥感影像发现上海崇明岛土地利用变化造成湿地生态系统服务价值减少。辛琨等(2005)运用替代法和影子工程法对海南省的红树林土壤吸附重金属的生态功能进行了价值估算,东寨港 2 056 ha 的红树林土壤吸附重金属的功能价值为 5 462 万元。汪永华等(2005)采用问卷方式研究海南新村海湾生态系统服务恢复的价值,当地居民的最大支付意愿为 56.87 元/人,恢复该区域生态系统服务的经济效益每年至少在 325 万元以上。彭本荣等(2005)系统研究了海岸带生态系统服务价值,进行了理论和方法的改进。陈国强等(2006)对比厦门 1986 年和 2004 年的遥感影像,表明厦门滨海湿地生态系统服务价值从 1986 年的 18.3 亿元下降到 2004 年的 16.13 亿元,损失 11.9%,其中,废物处理、水分调节和干扰调节服务价值损失最突出。马育军等(2006)研究了江苏沿海区域生态系统服务价值对三种滩涂开发利用行为的生态敏感性大小,滩涂开发成建设用地的敏感性最强,开发为耕地次之,开发成养殖水面最小。韩秋影等(2007)的研究表明 2005 年广西合浦海草床生态系统服务的价值为 6.29×10^5 元/(年·公顷),其中间接利用价值占 70.97%,从 1980~2005 年,合浦海草床由于人类活动造成的服务价值损失为 3 467.95 万元,损失率为 71.97%。但是,直接利用价值增加了 4 452.88 万元,间接利用价值损失为 39 110.83 万元,损失率高达 81.82%。

在国家"908"重大专项的资助下,国家海洋局一所承担了我国海洋生态系统服务计划(2005~2009 年),开展了海洋生态系统服务理论研究(郑伟,2008;张朝晖,2006,2007a),建立了我国四大海区海洋生态系统服务分类体系(陈尚,

2006)和服务价值评估方法(张朝晖,2007b),评估了桑沟湾(张朝晖,2007 b)、连云港海岸带(Wang,2006)的生态系统服务价值,开发了海洋生态系统服务价值评估软件。根据生态系统服务评估的要求,陈尚等(2006)把我国海洋生态系统分为 9 个基本生态类型:海湾、河口、一般浅海、珊瑚礁、红树林、草滩湿地、海岛、海藻(草)床和养殖生态系,每个生态系统具有 4 组(供给、调节、文化和支持服务)共 14 种服务。张朝晖等(2007b)的初步评估表明 2003 年桑沟湾生态系统服务价值为 6.07×10^8 元,平均 4.24×10^6 元/平方千米。其中,供给服务、调节服务和文化服务分别占 51.29%、17.34% 和 31.37%,在所评估的 8 种服务中,食品供给服务价值最高(50.45%),其次是旅游和娱乐服务价值(29.89%)及气候调节服务价值。

二、海水养殖对生态系统影响的研究

海水养殖是我国利用海洋生态系统服务的主要方式之一。我国海水养殖产量居世界首位,为人们提供了丰富的水产品。2011 年我国海水养殖面积为 $2\ 106 \times 10^3$ 公顷,占水产养殖总面积的 27%,海水养殖产量 1 551 万 t,占全国海水总产量的 53%,占世界海水养殖总量的 80%(中国渔业统计年鉴,2012)。同时,养殖模式也从原始的自然生态型(自然混养)逐步过渡到单养、混养、筏式养殖、底播式养殖等。但是,由于生产者片面追求高产,忽视了长远的生态效益,致使不少海域开发过度,养殖自身污染加重,导致环境恶化,破坏了生态系统的结构与功能,使许多近海生态系统承受着前所未有的压力和胁迫,严重影响到海水养殖业的持续、稳定发展。关于海水养殖与维护生态平衡之间的关系问题已引起了各方面的关注与讨论(朱明远等,2000;张莉红等,2005;董双林等,2000;Primavera,2006;季如宝等,1998)。大量研究表明,养殖可造成生物群落退化、生物多样性减少等问题(Yang et al,2004;张福绥等,1999;Wildish et al,2005)。但也有研究发现,海水养殖活动不仅提供物质产品,还可提高生态系统的其他服务(Marko et al,2007;毛玉泽,2004;Chai et al,2006;Rice,1999;Prins,1994;Newell,2004)。如浅海贝类和藻类的养殖活动直接或间接地使用了大量的海洋碳,通过提高浅海生态系统吸收大气中 CO_2 的能力实现碳减排,据估算,2002 年中国海水养殖的贝类和藻类通过收获可从海中移出至少 120 万 t 的碳;1999～2008 年,我国海水贝藻养殖每年从水体中移出的碳量为 100 万～137 万 t,10 年合计移出 1 204 万 t,相当于每年移出 CO_2 440 万 t,10 年合计为 4 415 万 t(张继红等,2005;唐启升,2011)。在贝参混养模式下,刺参可通过摄食贝类产生的粪便和假粪净化与修复养殖环境（袁秀堂等，2008）；大型藻类的养殖能有效吸收养殖水体中过剩的营养盐，通过光合作用产生氧气改善养殖水体环境（毛玉泽，2008；胡海燕等，2003；Troell et al，1999）；而贝藻混养系统中，大型藻类能有效地抑制水体中弧菌的繁殖，减少养殖病害的发生（毛玉泽，2008）。大型藻类同鱼类、虾类等混养也被认为是吸收利用营养物质和延缓水质富营养化的有效措施之一（Ahn et al，1998；Anderson et al；1999；Fei，2004；岳维忠等，2004；徐姗楠等，2006；Peterson et al，2001）。例如，Haglund（1993）以及Troell（1999）的研究显示，养殖江蓠的年产量约为258吨／公顷，通过收获江蓠，可从水体中去除1 020千克（氮）／公顷和374千克（磷）／公顷；周毅等（2002）研究表明，烟台四十里湾海区每年因海带收获将减少130 t氮和30.4 t磷。滤食性贝类养殖可通过多种方式直接影响水体中的营养物质。首先，滤食性贝类通过滤食水体中的颗粒物并将其重新包装成粪便和假粪，从而降低了水体中营养物质的浓度。养殖贝类的收获也是水体中营养物质净输出的一个主要方面。Lindahl（2005）的模型研究结果显示，紫贻贝养殖可使瑞典Gullmar湾水体中的氮降低20%，同污水处理厂相比，增加该湾贻贝的生物量是减少营养物质负荷对该湾压力的非常经济、有效的方法。Kasper等（1985）发现新西兰贻贝养殖区活的贻贝和贝壳促进了被囊类、石灰质的多毛类、海绵等硬底种类的发展。尽管关于海水养殖对环境影响的研究较多，但是，由于养殖区域环境条件、养殖种类、养殖密度、养殖规模、养殖方式的差异，不同的研究得出的结果也不尽相同。

三、桑沟湾海水养殖的研究

桑沟湾是我国典型的温带养殖海湾，位于山东半岛东端，没有大的河流流入，工业排污和生活排污较少，主要的人类活动是海水养殖。桑沟湾从20世纪50年代开始养殖海带，80和90年代该湾大规模养殖的品种是筏式养殖的扇贝、海带，2000年以来大规模养殖的品种是牡蛎、海带等，局部海区有少量鲍、海参以及鱼类网箱养殖，还有少量池塘养虾。桑沟湾作为养殖生态学野外研究基地，目前已开展了很多关于其养殖容量、生态优化养殖模式与技术、养殖水域生态调控与环境修复、健康养殖技术等方面的研究，已发表与桑沟湾相关的论著100多部。

随着桑沟湾养殖品种的多样化、优质化，以及养殖模式由单一的藻类养殖向虾类、贝类、鱼类和海珍品养殖逐步延伸，养殖方式呈现出多样化发展趋势，设施渔业、深水网箱养殖等得到较快发展。因此，桑沟湾海水养殖业的可持续发展及健康养殖模式的研究，也成为控制其养殖病害暴发、提高渔产品质量、减少水域污染、维持良好生态环境的一个十分重要的问题。1996 年,方建光等首次对桑沟湾栉孔扇贝养殖容量进行估算,当壳高为 3～4 cm 时,单位面积养殖容量为 90 粒 / 平方米,壳高为 4～5 cm 时,单位养殖容量估算值为 60 粒 / 平方米,壳高为 5～6 cm 时单位养殖容量约为 30 粒 / 平方米,是实际单位面积养殖密度的 3/5 左右。孙慧玲等(1996)对栉孔扇贝的笼养与串耳养殖等不同养殖方式及不同水层(1 m、2 m、3 m、4 m)的养殖效果进行了综合试验和分析,结果表明串耳养殖的扇贝平均壳高增长比笼养扇贝生长快,串耳养殖方式以 2 m 为最佳养殖水层,笼养方式的最佳水层为 4 m。朱明远等(2002)通过建立贝藻混养生态模型,模拟不同播苗养殖和收获方式下的产量,以及不同混养方式对海洋生态系统的影响来确定养殖容量,并将其应用于桑沟湾栉孔扇贝、太平洋牡蛎和海带混养生态系统的模拟。模拟结果表明:当养殖密度分别增加到目前扇贝和牡蛎放苗量的 2 倍和 15 倍时总产量最高(达到养殖容量),但单位面积产量和产量 / 播苗比减少,因此效益是下降的;扇贝放苗量增加到目前的 15 倍,牡蛎增加到 30 倍时会导致养殖生产崩溃,同时生态系统也发生改变。Duarte 等(2003)利用物理—生物化学模型计算了桑沟湾的养殖容量。傅明珠等(2013)利用海洋养殖生态系统健康综合评价方法与模式对桑沟湾养殖生态系统的健康进行了综合评价,评价结果显示:桑沟湾养殖生态系统健康勉强达到较好水平,控制养殖密度和规模等措施是改善桑沟湾生态系统健康的必要途径。唐启升等(2013)研究分析表明,在多重压力胁迫下,近海生态系统及其变化受控于多因素作用的控制机制,导致生态系统变化的复杂性、不确定性,并难以甄别和管理,多营养层次综合水产养殖是应对多重压力胁迫下近海生态系统显著变化的一条有效的途径,并详细介绍了在桑沟湾构建的多营养层次综合养殖模式及其效果,评估了多营养层次综合养殖的碳收支与生态服务功能。

海水养殖对环境的影响是多方面的,它是生物过程与环境相互作用的结果;反过来,养殖环境的变化也影响着养殖生物的生理生态过程。孙耀等(1998)于 1993 年 11 月至 1994 年 10 月对桑沟湾养殖海域的水环境特征进行了研究,并与十年前(1983 年)的历史资料作了比较,结果发现该湾各种化学指标的垂直分布均匀,水动力状况与十年前相比发生了明显变化,营养物质输送和海水自净能力降低;各种化学指标、初级生产力、营养状况及类型等平面分布和季节性变化都有更加显著的差异,无机氮(IN)成为桑沟湾初级生产的限制因素。杨红生(1998)认为滤食性贝类的特殊摄食机制,使得本应该起到净化水体作用的这一自养生态系统发生局部的严重自身污染,从而影响到整个养殖业的进一步发展。1997 年连岩等阐述了桑沟湾水温、盐度、透明度、pH 和"三氮"的变化特征，海水化学的基本特征(如 pH 和"三氮")已发生了明显的变化，pH 已降到海水水质要求(GB3097282)第二类，无机氮比海水水质要求(GB3097282)第三类还高出 3.555 $\mu mol/dm^3$，这可能成为当年桑沟湾养殖的扇贝大面积死亡的重要原因之一。毛兴华(1997)的研究表明，桑沟湾食植性浮游桡足类生产力的波动范围为 0.42~11.8 $mg/(m^2 \cdot d)$，平均生产力为 3 $mg/(m^2 \cdot d)$，年产量为 1.1 $g/(m^2 \cdot d)$。生产效率如此低下是由于该湾养殖了大量扇贝所致。陈皓文(2001)对桑沟湾表层水总异养细菌(H)、几丁质降解菌(C)和弧菌(V)含量及 C/H、V/H 与 N、P、水温等 9 个生态环境因子间分别作了相关分析，结果显示：在不断增强的环境负荷下，异养细菌与营养盐、化学耗氧量(COD)等有大体一致的增减趋势，与水温间有一定的负相关，几丁质降解菌、弧菌的消涨基本与水温一致，而与溶解氧相悖。刘慧等(2003a，2003b)系统研究了桑沟湾养殖海区浮游植物的周年变化。蔡立胜等(2003)对桑沟湾养殖海区海底沉积物进行了底质与间隙水营养盐的分析，并对该海区沉积物—海水界面营养盐的通量进行了估算。孙丕喜等(2007)根据 2003 年 8 月~2004 年 7 月桑沟湾海区 12 个航次海水营养盐的调查资料，分析了该海区海水营养盐的分布特征及时空变化，评价了水质的潜在性富营养化状况。陈聚法等(2007)基于海流、波浪、水环境和沉积环境指标的实测资料，探讨了桑沟湾贝类养殖水域沉积物再悬浮的动力机制，并估算了一次大的动力过程作用下桑沟湾沉积物中氮、磷营养盐的释放量。蒋增杰等(2008)对桑沟湾表层沉积物重金属的含量分布及富集状况进行了调查分析，并采用 Hakanson 的潜在生态危害指数法评价了该湾沉积物中重金属的污染程度和潜在生态危害，结果表明桑沟湾表层沉积物中重金属的潜在生态危害轻微，对桑沟湾生态环境具有潜在影响的重金属元素主要是 Cd。慕建东等(2009)根据 2003 年 8 月~2005 年 5 月桑沟湾 4 个航次调查结果，对该海区浮游植物的种类组成、数量分布和群落结构进行分析。Zhang 等(2008)的研究表明，桑沟湾的贝藻养殖活动从 20 世纪 80 年代就开始了，经历了 20 多年的养殖，底质环境依然属于 1 级，这与桑沟湾低密度的养殖活动、良好的水动力条件、多元的养殖模式有关。杜鹏(2009)利用 ECOM 水动力模型准确模拟了桑沟湾海域的三维潮流场，为污染物的扩散输移提供了动力场。邱照宇(2010)在 ECOM 水动力模块正确模拟桑沟湾海域潮流场的前提下，利用美国 RCA(Row Column AESOP)水质模型模拟桑沟湾的水质状况，模拟结果与监测数据基本一致。周毅等(2003)对桑沟湾栉孔扇贝的生物沉积进行了现场测定，结果表明桑沟湾栉孔扇贝具有相当高的生物沉积速率，影响栉孔扇贝生物沉积的主要因素包括水温、悬浮颗粒物、扇贝个体大小和年龄。高密度、大规模的近岸浅海贝类养殖所产生的大量生物沉积物可能会对海区的物理、化学和生物环境产生影响。毛玉泽等（2005）采用呼吸瓶法现场研究了两种不同规格长牡蛎（*Crassostrea gigas*）的耗氧率、排氨率及氧氮比的季节变化，从代谢水平探讨了长牡蛎夏季死亡的原因。

尽管从不同尺度对桑沟湾养殖海域中的系统变化、系统输出和经济效益评估及养殖模式的优化和管理等方面作了较详细的研究，但对其养殖生态系统服务功能的评价研究还缺少关注。Zheng 等（2008）、张朝晖（2007b）和石洪华（2008）等对桑沟湾生态系统不同年度的服务价值进行了静态评估，是新的尝试，但还不能清楚地表明不同管理措施、不同利用方式以及养殖活动是如何影响服务价值的，也无法判断桑沟湾的最大可持续生态系统服务贡献。我国的海水养殖系统主要是在自然海区建立起来的人工生态系统，在取代自然生态系统以后，其生态过程所体现的生态服务及其价值在量上和质上发生了哪些变化？究竟能否大力发展海水养殖业？如何提高海水养殖系统的生态效益和经济效益？有些人认为规模化养殖以后对近海生态系统的生态环境产生了巨大的破坏作用等问题，目前都还没有明确的定论。虽然生态系统服务及其价值评估早已为国人所认知，但与其他类型的生态系统相比，海水养殖生态系统研究还存在着很大的差距与不足，特别是缺少一些原创性研究工作。

第三节　研究思路及意义

一、研究思路

为了解决上述问题，本研究以桑沟湾养殖系统不同养殖模式为研究对象，以生态系统服务与可持续发展理论为基础，在前人研究的基础上，通过历史数据分析和大量实地调查、借助系统评估和数学建模等多种方法，探明不同海水养殖模式对桑沟湾生态系统的影响，研究不同养殖模式对生态系统的正面效应和负面影响，并进行货币化的评估；基于所建立的生态可行性指数和经济可行性指数筛选与优化生态系统服务功能和价值最大化的养殖模式，通过构建可持续产出预测模型，对优化后的养殖模式进行产出预测，并提出管理的建议。研究重点包括：

（1）不同养殖模式下养殖海域生态环境现状评价；

（2）不同养殖模式下生态系统服务价值的评估；

（3）不同养殖模式下养殖系统服务价值变化趋势的预测；

（4）以实现养殖系统服务价值最大为优化目标，对现有养殖模式进行优化配置。研究思路如图 1-1 所示。

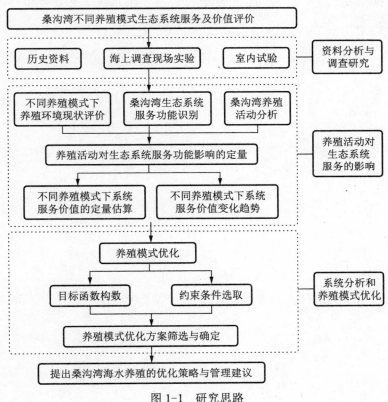

图 1-1 研究思路

二、研究意义

该研究具有重要的理论意义和应用价值，表现在以下几个方面。

（1）为研究健康养殖模式提供新的思路。基于生态服务价值的养殖模式优化研究，是结合养殖区域的自然、经济、社会条件，在提高养殖海区生态系统服务的前提下，力求最大限度地发挥海区的综合功能。

（2）为管理者提出基于生态系统管理的合理措施和为决策提供依据。以货币方式建立平衡养殖的市场收益和环境损害的可比较的定量方法，可将生态系统的相同服务进行比较，也可将同一生态系统的各单项生态系统服务进行综合。

（3）可促进海水养殖业的可持续发展。由于养殖环境污染等问题，我国海水养殖业的发展空间已相对较小,通过近海养殖系统服务的定量研究,有助于更全面地衡量海水养殖业。以货币价值的形式表达不同养殖模式的生态系统服务能力尤其有助于我们进行比较和选择更利于海水养殖系统生态效益和经济效益双赢的养殖模式。

第二章

桑沟湾养殖环境现状与评价

第一节　桑沟湾的自然地理和社会经济概况

一、自然地理概况

桑沟湾为一湾口朝东的岬湾。口门北起青鱼嘴,南至褚岛,口门宽 11.5 km,海湾面积 163.20 km²,海岸线长 90 km,湾内平均水深 7～8 m,最大水深 15 m,滩涂面积约 20 km²。湾口北部岬角附近和海湾北部以及湾南部的褚岛沿岸为基岩,其余部分为砂质海岸——沙坝(沙嘴)泻湖海岸。从等深线来看,5 m 等深线靠近岸边,与岸线走向基本一致,但在北部沿岸,5 m 等深线非常贴近岸边基岩,10 m 等深线呈南北走向通过湾口。湾内底质分布大致为:西北岸段的近岸为细砂质粉砂,北部岸段以细砂为主,在褚岛附近有砾砂,湾的中部以黏土质粉砂为主。

潮汐为不正规半日潮。全年平均波高小于 0.5 m 的风浪出现率为 93.4%,桑沟湾内码头附近的波浪中,风浪占 60%,最多风浪向为 SE,涌浪向也为 SE。另据一次强台风期间在桑沟湾的观测,湾口最大浪高达 6.0 m,相应的在码头附近波高达 2.0 m。成山角的波浪中,风浪占 83%,最多风浪向为 S,涌浪占 17%,最多涌浪向为 S,全年的常浪向为 S 和 NE,强浪向为 ENE,最大波高 9.0 m。

桑沟湾地区属于海洋大陆性气候,气候变化幅度小,年平均气温 10.9 ℃,全年 6 级以上大风平均 88 d,日照平均 208.4 h。年平均水温 13 ℃,2 月最低,平均 1.8 ℃,8 月最高,平均 24.9 ℃。湾内盐度变化不大,年平均为 31.76,1 月最低位 30.94,6 月最高位 32.28。桑沟湾入湾河流有桑干河、崖头河、沽河、小落河,年总径流量在 $1.68 \times 10^8 \sim 2.64 \times 10^8$ m³ 之间。海水中营养盐物质(氮、磷、硅)与其他海区相比含量较低。

二、区域社会经济概况

荣成市地处山东半岛最东端,处于东经 122°09′～122°42′、北纬 36°45′～37°27′ 之间,现辖 12 个镇、1 个经济开发区、1 个管理区、10 个街道办事处、861 个行政村、96 个居委会,人口 67 万人,总面积 1 392 km²,属于我国社会经济发达的地区,是全国重点渔业市,渔业是该市国民经济的支柱产业和最具发展潜力的行业。在 90 km 长的海岸线上,分布着 10 大海湾、6 大港、50 多个岛屿,拥有可开展养殖滩涂 1 万公顷,20 m 等深线内可养水面和海底各 13.3 万公顷,临近渤海、黄海、东海三大渔场,水产资源极为丰富,盛产对虾、鲍、海参、魁蚶、牙鲆、黄花鱼、鲅鱼、鲳鱼、带鱼等鱼虾贝类产品 100 多种。全市拥有渔业企业 400 多处,总资产 90 多亿元,从业人员近 10 万,主要经济指标多年位居全国县级市前列。全市拥有各类捕捞渔船 4 529 艘、47.9 万马力,其中 100 马力以上大马力渔船 1 589 艘、43.6 万马力,形成了开发能力强、作业领域广、生产规模大的远近洋捕捞船队,开辟了太平洋、印度洋、大西洋及国内主要海域的作业渔场。荣成市水产品加工业发达,研制开发出了海洋方便食品、功能性保健品疗效性药品等新产品 200 多种,并有 30 多种产品被国家有关部门批准为保健品、绿色食品、海洋药品或名牌产品,初步形成了即食食品、保健食品、海洋药品、盐渍海带和鱼粉饲料五大精深加工体系,水产品的利用率和增值水平不断提高。2008 年全市水产品产量 105 万 t,其中养殖产量达到 57 万 t(桑沟湾养殖产量占 41.2%),渔业经济总收入 410.8 亿元,其中养殖收入 77 亿元(桑沟湾占 56.3%)。

第二节 桑沟湾海水养殖概况

一、桑沟湾海水养殖业概况

桑沟湾湾内水域广阔,水流畅通,水质肥沃,自然资源十分丰富,是荣成市最大的海水增养殖区。目前该湾水域面积已被全部利用起来,并将养殖水域延伸到湾口以外,形成了筏式养殖、网箱养殖、底播增值、区域放流、潮间带围海建塘养殖、滩涂养殖、土地养殖等多种养殖模式并举的新格局,增养殖品种有海带、裙带菜、羊栖菜、鲍、魁蚶、虾夷扇贝、栉孔扇贝、海湾扇贝、贻贝、牡蛎、江瑶、毛蚶、泥蚶、杂色蛤、对虾、梭子蟹、刺参、牙鲆鱼、石鲽鱼、星鲽、大菱鲆、鲈鱼、黑鲷、真鲷、鮨鱼、六线鱼、马面鲀、河鲀、美国红鱼等 30 多种,2007 年荣成市海水增养殖面积达 2 万 ha,养殖产量 58 万 t,养殖产值 72.8 亿元,其中桑沟湾养殖面积达 6 300 ha 亩,产量 24 万 t,产值 36 亿元,分别占荣成市养殖总面积、总产量、总产值的 30.7%,41.2% 和 56.3%。

桑沟湾海带养殖始于 1957 年,养殖面积在 1970 年达到 587 ha,2007 年为 4 335 ha,产量在 2007 年达到 8.45 万 t。1994 年海湾 30% 以上的水域面积用来发展水产业,其中,海带 3 300 公顷,扇贝 1 037 公顷,牡蛎 391 公顷。1999 年扇贝养殖面积为 1 800 公顷,2000 年减为 128 公顷;然而,牡蛎面积增加了 25 倍,从 1999 年的 24 公顷增至 2004 年的 600 公顷,2004 年,桑沟湾牡蛎的年产量增至 15 万 t;鲍的养殖面积从 1999 年的 19.2 公顷增至 2004 年的 76.7 公顷,2007 年,桑沟湾鲍的年产量增至 1 200 t。

近年来,为了加强桑沟湾的保护和合理利用,荣成市委、市政府根据桑沟湾内初级生产力状况,提出了"721"湾内养殖结构调整工程,即总养殖面积中藻类种类占 70%,滤食性贝类种类占 20%,投食性种类占 10%;通过调整养殖结构,传统养殖的比重不断下降,名优养殖增势迅猛,以刺参、鲍、海胆为代表的海珍品养殖以及多营养层次的综合养殖成为养殖业增长的主要因素;利用养殖品种间的互补优势实现生态养殖,从而降低了养殖自身污染,加快了海水交换量,提高了海水自净能力,现在近海海水质量均达到国家一类水质标准,取得了显著的经济效益和生态效益。

二、桑沟湾不同养殖模式介绍

桑沟湾现有养殖模式多达十几种,归纳起来,大致分为四大类:一是单养模式,如海带、扇贝、牡蛎、鲍单养等;二是混养模式,如海带与扇贝、牡蛎、鲍、网箱混养等;三是筏式 + 底播模式,以海带养殖、网箱养殖为主,底播高值的刺参和海胆;四是多营养层次综合养殖模式(Integrated multi-trophic aquaculture,IMTA),如海带—鲍—刺参、鲍—海参—菲律宾蛤仔—大叶藻综合养殖。本研究选取桑沟湾 7 种主要养殖模式进行了研究,包括海带单养(mode1)、扇贝单养(mode2)、牡蛎单养(mode3)、海带与扇贝混养(mode4)、海带与牡蛎混养(mode5)、海带与鲍混养(mode6)、海带—鲍—刺参多营养层次综合养殖(mode7)。桑沟湾养殖布局和调查站位如图 2-1 所示。

(一)单养模式

1. 海带单养

桑沟湾湾内养殖的海带以混养为主,湾口和湾外以单养为主。根据荣成市

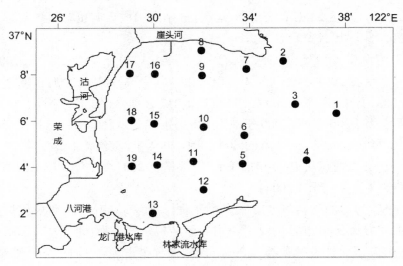

图 2-1　调查站位图

注：1—非养殖区；2，3，4—海带养殖区；6，7—综合养殖区（如海带、鲍、龙须菜等）；7—鲍
养殖区；8，14—扇贝养殖区；5，11—扇贝海带综合养殖区；13—网箱养鱼区；16，17—扇贝养
殖区；18，19—牡蛎养殖区；12—筏式（海带）-底播（刺参）养殖区；9，10，15—鲍海带间养区；

海洋与渔业局的相关统计资料以及对桑沟湾周边养殖公司的调查，桑沟湾 2007
年的海带养殖面积约为 4 348 公顷，其中单养海带面积约为 2 333 公顷（2007 年
渔业生产经营情况表，荣成市海洋与渔业局，2008 年）。每亩 400 绳，4 台架，
共 13 000 颗/亩，苗成本约 0.03 元/颗，养殖设施成本约为 4 700 元/亩（折旧
70%），人工费约 1.5 元/千克（包括夹苗、收获、晒干等），市场价格 6 元/千克。
海带的养殖周期为 180 d，通常从 11 月初开始夹苗，养殖到次年的 4～5 月开始
收获。海带苗的初始重量为 1.2 g（Nunes et al, 2003）。

2. 扇贝单养

2011 年我国海水养殖产量 1 551.33 万 t，其中贝类产量 1 154.36 万 t，扇
贝产量达 130.61 万 t，可见扇贝是我国主要的养殖品种之一。桑沟湾养殖的扇
贝主要以栉孔扇贝和虾夷扇贝为主，本文以栉孔扇贝（*Chlamys farreri*）为例，对
其服务和价值进行估算和评价。桑沟湾湾内单养的栉孔扇贝多以笼养为主，每
笼 7 层，直径为 30 cm，300 粒/笼，400 笼为 1 亩，悬挂水层为 1～6 m。成活
率 60%，养成后产量约为 3 千克/笼，2007 年市场收购价为 4.6 元/千克，苗成
本 0.004～0.005 元/粒，贝笼 12 元/个，可用 5 年。栉孔扇贝通常在 5 月初开
始放苗，到次年 5 月开始收获，养殖周期为一年，按 365 天计，苗种的初始重量为

0. 67 g（Nunes et al，2003）。

3. 牡蛎单养

以吊养为主，每串 200 粒牡蛎，800 串／亩，成活率 50%，养成后产量约为 10 千克／串，0. 7 元／千克，成本 0. 3 元／千克。长牡蛎同于栉孔扇贝，通常也是在 5 月初开始放苗，到次年 5 月开始收获，养殖周期以 365 天计，苗种的初始重量为 0. 033g（Nunes et al，2003）。

（二）混养模式

1. 海带与扇贝混养

扇贝养殖笼垂直吊挂在海带养殖浮缆上，与海带混养。每亩 400 绳海带，间养扇贝 180 笼，海带养殖密度和每笼扇贝养殖密度同于单养模式，但扇贝成活率可达 80%，养成后约为 4 千克／笼。

2. 海带与牡蛎混养

海带养殖密度由单养的每绳 35 颗减为 28 颗，牡蛎由单养的 800 串／亩减为 225 串／亩，成活率提高到 80%（方建光，2006）。

3. 海带与鲍混养

海带与鲍混养主要以鲍养殖为主，鲍养殖笼垂直吊挂在海带养殖浮缆上，与海带间养。鲍养殖密度 200 头／笼，每笼 3 层，每层分别放 60、60、80 头，笼间距 1. 5 m 左右。每条浮梗 80 m 长，浮梗间距 4 m，每 4 条浮缆为 1 亩，250 笼／亩，成活率 75%，养成后 3. 75 万头／亩，鲍笼 80 元／个，可用 5 年；海带则水平挂养在两条浮缆之间，每绳养殖海带 60～70 颗。在鲍—海带混养区，海带养殖密度可大于常规养殖密度，即绳间距 1. 5 m 左右；1 亩 4 台架，约 4 700 元／亩。鲍养殖周期 18 个月，按 540 天计。这种养殖模式的优点是海带养殖绳上的海带可以随时采摘放到鲍养殖笼内作为鲍的饵料，即为鲍长期提供现成的鲜活饵料，将低值的海带转化为高值的海珍品，同时这种模式由于省工省力，生产成本大大低于鲍室内工厂化养殖。

（三）IMTA 模式（海带—鲍—刺参）

IMTA 模式主要以鲍养殖为主，鲍养殖笼垂直吊挂在海带养殖浮缆上与海带间养，鲍养殖密度同上。在每个鲍养殖笼内放养 6 个刺参，每层放 2 个，用于摄食鲍的粪便和残饵；海带则水平挂养在两条浮缆之间，每绳养殖海带 60～70 棵，作为鲍的鲜活饵料。

第三节　桑沟湾养殖海域生态环境现状与评价

一、不同养殖模式下附着生物群落特征

（一）附着生物的生态功能

附着生物对于人类很多海洋活动都有影响，早在公元前 5 世纪就有了关于附着生物的记载（WHOI，1952）。附着生物对航运和冷却水管出口等方面的影响及其防除的研究已有很多，几千年前就有了关于航运船只附着生物的报道。附着生物能在很短的时间内在轮船上大量附着，增加航行阻力，可使航速下降 20% 以上，大大增加燃料消耗；附着在海洋设施比如灯塔、浮标、管道出入水口，热电厂冷却水管等设施上的污损生物会导致金属腐蚀、堵塞，影响设施的工作效率和使用寿命。人类大规模水产养殖活动的历史，与海洋航运和其他海洋活动等相比，时间还很短（Hodson et al，2000），但附着生物对水产养殖活动的影响受到了人们的普遍重视普遍重视（Enright，1993；Hodson et al，1997）。附着生物对水产养殖也有一定的有益作用，比如用预先用附着生物处理过的附着基有利于贝类的附苗（Mallet and Carver，1991）。

附着生物是一个世界性的问题，引起了普遍的关注和极大重视。FAO 统计的数据显示，在欧洲鱼、贝养殖过程中，污损生物带来的损失每年为 13 000 万 ~ 26 000 万欧元，占整个养殖产业产值的 5% ~ 10%。1996 年由于受污损生物柄海鞘的影响，辽宁省大长山海域栉孔扇贝的养殖产量降低了 28%，产值降低了 38% 左右（李克元等，1999）。附着生物对渔业生产的巨大影响引起了世界范围内的高度重视，诸多国家都加强了对附着生物的研究，澳大利亚库克大学（James Cook University）和俄罗斯圣彼得堡州立大学（St. Petersburg State University, Russia）等都设立了附着生物研究组。2007 年 3 月召开的第 8 次国际海洋生物技术会议（International Marine Biotecchnology Conference，IMBC）也把生物附着问题单独列为一个议题进行研究讨论。关于附着生物的研究多数集中在附着机理和轮船、钻井台等海洋设施的防附着等方面，附着生物对水产养殖的影响以及防除等方面的研究相对较少。

附着生物对养殖设施的影响。网箱和扇贝养殖笼上的附着生物会阻塞网孔，增加网箱和养殖笼的重量以及对水流的阻力，从而大大增加网箱和养殖笼以及浮筏的受力（Loderios and Himmelman，1996；Swift et al，2006），导致筏架的漂移和损坏；有附着生物的网具受到水流冲击时的受力是干净网具的 12.5 倍（Millne，

1970)。污损生物的附着使网具的重量大大增加,导致网具结构变形,浮力降低,最终导致网具损坏(Milne, 1970; Beveridge, 1996; Phillippi et al, 2001)。附着生物加重网具的负重,导致物理性损坏(Beveridge, 1996)。本研究在桑沟湾深水区(水深 40 m 左右)观察到附着扇贝养殖笼上的大量的苔藓虫(*Bryozoa*),使养殖笼的重量极大增加,导致养殖笼撕裂,极大地影响了设施的使用效果,缩短使用寿命(图 2-2)。

图 2-2　附着生物的负重使栉孔扇贝养殖笼撕裂

附着生物对养殖贝类的影响。海鞘和贻贝等是很多地区附着生物群落的优势种,滤食性附着生物与扇贝等养殖贝类具有相似的食性,它们与养殖贝类竞争食物(Lesser et al, 1992)。当生物量较大时,附着生物摄取的饵料食物可达总饵料的 40% 左右(方建光等, 1996);对于栉孔扇贝等需要用足丝固着的贝类,附着生物的另一个影响就是会占据附着基,影响贝类的正常附着。附着在生物体上的污损生物也会对养殖生物造成很多不利的影响,比如海绵会将养殖的贝类完全包裹,导致贝类滤水困难,生长变慢甚至大规模死亡(Mohammad, 1976)。附着在贝类腮上的水螅(真枝螅)会影响贝类的呼吸(隋锡林等, 2002);才女虫等附着在贝壳上,会在贝壳上钻孔(Doroudi, 1994),如果钻孔部位在闭壳肌附件上会导致闭壳肌受损,贝类受到刺激增强分泌,局部增厚,会导致生长受阻和贝壳畸形(Taylor et al, 1997)。

附着生物的生态效应:附着生物阻塞网孔,严重影响网箱和养殖笼内外的水交换,使养殖笼内的饵料浓度降低,影响滤食性贝类的生长速度和存活率;同时也会导致网箱内的鱼类或者养殖笼内的贝类的氨氮等代谢废物不能及时稀释和排出(Howard and Kingwell, 1975; Ahlgren, 1998; Eckman et al, 2001),不仅导致养殖生物的生长速度下降,甚至死亡,而且会造成局部区域的富营养化(Folke et al, 1994);同时也会使养殖笼内溶解氧的含量降低(Lovegrove, 1979; Cronin et al, 1999),附着动物的呼吸也会消耗氧气,使笼内水质恶化,影响养殖动物的健康(Lai et al, 1993; Cronin et al, 1999)。温带地区附着生物在夏季短时间内爆发性出现,加之此时水温也达到最高,使得这种局部富营养化的情况尤为明显。这些情况会导致养殖生物的生长速度降低和病害发生,存活率降低(Mortensen et al, 2000; Colin et al, 2002)。

(二)桑沟湾贝藻养殖区附着生物群落季节演替变化

养殖区附着生物群落季节变化实验于 2007 年 5 月至 2008 年 5 月在桑沟湾海带和扇贝综合养殖区进行(37°01′～37°09′N, 122°24′～122°35′E)(图 2-1)。采用与生产当中栉孔扇贝养殖笼的网衣相同的聚乙烯网片,作为实验网片,网眼大小约 2 cm(stretch-mesh size)。用直径约为 2 cm 的 PVC 管,制成规格为 80 cm × 60 cm 的大的框架,大的框架分割为 12 个规格,为 20 cm × 20 cm 的小的框架(图 2-3),再将实验网片固定在这些小的框架上。取样时取下小的框架,将实验网片剪下,再在小框架上缝上新的网片,将小框架再固定在大的框架上。参照《海洋调查规范》在实验海域挂网的方法,在海区中悬挂实验挂网,模拟实际生产当中所用的扇贝养殖笼,分析网片上的附着生物群落结构及其演替规律。2007 年 4 月至 2008 年 4 月将实验挂网悬挂在实验海域贝类养殖筏架上,悬挂的深度与扇贝养殖深度相同,挂网分为月网、季度网。月网按月采集,采集之后换上新的挂网,每种网片均包含 4 个重复;3 月～5 月、6 月～8 月、9 月～11 月、12 月～2月分别代表春、夏、秋、冬四个季度。每个月的头三天取样网片并更新挂网。挂网取出后带回实验室,进行附着生物群落季节变化特征分析。

图 2-3 框架和挂网示意图

分别于 2007 年 9、10、11 月，随机选取三个扇贝笼。先将养殖笼内的扇贝全部取出，分别称量扇贝的重量和有附着生物的空养殖笼的重量，取出扇贝时小心避免损坏养殖笼和贝壳上的附着生物。数量很大或者生物量很大的附着生物优势种，分别从养殖笼上小心取下，对它们的数量进行统计。剩余的附着生物因数量很小或者个体很小，很难单独分开，所以本实验将其作为一个整体，一起从养殖笼上取下。附着生物的重量（$W_{net\ fouling}$）根据公式：$W_{net\ fouling} = W_{total} - W_{net}$ 计算得出，其中 W_{net} 为干净养殖笼的重量。养殖笼上的附着生物的重量与养殖笼的重量比例，定义为附着比率。从每个养殖笼里随机取出 60 个扇贝样品，用以调查统计贝壳上的附着生物的数量。栉孔扇贝是"横躺"在一侧的贝类，绝大部分的附着生物都附着在扇贝的上壳，将所有的附着生物从扇贝壳上小心取下，称重（$W_{shell\ fouling}$），附着生物群落当中的优势种都单独取下，分别计数，称量扇贝上壳的重量（$W_{upper\ valve}$）。扇贝上壳上的附着生物的重量与上壳重量的比例，定义为扇贝壳附着比率。

1. 挂网上附着生物的生物量变化规律

月挂网上的附着生物数量为 3～1 210 g／m²，附着生物的数量在 8 月达到最高，2 月的附着生物量最低，约为 3.0 g（图 2-4）。季度挂网上的附着生物在夏季达到最高，约为 2 200 g／m²；冬季的附着生物数量最低，约为 650 g／m²（图 2-5）。

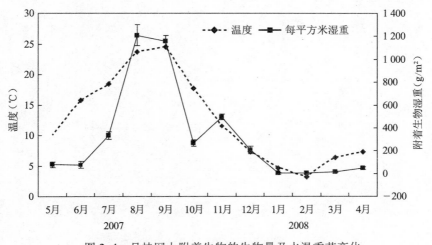

图 2-4　月挂网上附着生物的生物量及水温季节变化

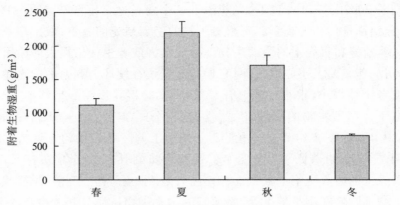

图 2-5　季度挂网上附着生物的变化(平均值 ±S. D)

2. 扇贝养殖笼上附着生物的数量和附着比率

栉孔扇贝养殖笼上的附着生物的数量和比率呈现出明显的季节变化趋势(图 2-6～图 2-9)。9 月扇贝养殖笼上附着生物的湿重约为 1. 94 kg,之后随着水温的降低,10 月笼上附着生物的湿重迅速减少到 0. 99 kg,然而在 11 月,笼上附着生物的湿重又有所上升达到 1. 03 kg。扇贝壳上的附着生物与养殖笼上附着生物变化趋势相同,从 9 月到 11 月壳上附着生物的数量为 0. 49～2. 09 g,11 月的附着生物数量最大,10 月附着生物的数量最小。

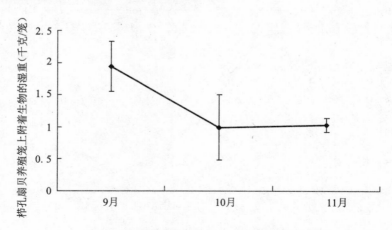

图 2-6　栉孔扇贝养殖笼上附着生物的重量

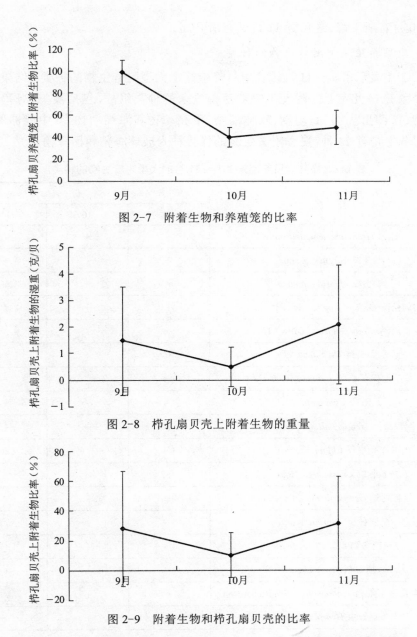

图 2-7 附着生物和养殖笼的比率

图 2-8 栉孔扇贝壳上附着生物的重量

图 2-9 附着生物和栉孔扇贝壳的比率

附着生物与养殖笼的比率变化趋势与养殖笼上附着生物的湿重变化趋势相似,也是在 9 月最大,到 10 月有所降低,但 11 月的附着生物比率又高于 10 月。贝壳上附着生物的重量与扇贝上壳重的比率变化趋势与网笼的相似,同样是从 9

月到 10 月有所下降,之后到 11 月又有所升高。

　　3. 扇贝养殖笼上附着生物的种类

　　表 2-1 显示了 9～11 月栉孔扇贝养殖笼上大型附着生物的种类。结果表明,扇贝养殖笼和贝壳上的附着生物群落由复杂的种类组成,包括藻类、海鞘类、环节动物、苔藓虫类、腔肠动物、软体动物、甲壳动物和海绵动物,其中能够鉴定的大型附着生物有 23 种,夏季附着生物的优势种为玻璃海鞘和柄海鞘。

表 2-1　栉孔扇贝养殖笼上 9～11 月的大型附着生物的种类

种　类	月　份		
	9	10	11
江蓠 *Gracilaria lemaneiformis*	+	+	/
马尾藻 *Sargassum* spp.	+	+	+
海带 *Laminaria japonica*	+	+	+
刺松藻 *Codium fragile*（Sur.）Hariot	+	+	/
软丝藻 *Ulothrix flacca*（Dillw）Thur	++	/	/
石莼 *Ulva linza*	+	+	+
孔石莼 *Ulva pertusa* Kjellm	++	++	+
长石莼 *Ulva lactuca* L	++	++	+
紫贻贝 *Mytilus gallolprovincialis*	+++	+++	+++
栉孔扇贝 *Chlamys farreri*	++	++	+
长牡蛎 *Crassostrea gigas*	+	+	+
褶牡蛎 *Ostrea plicatula* Gmelin	+	+	+
刺麦秆虫 *Caprella scaura*	++	/	/
玻璃海鞘 *Ciona intestinalis*	++++	+++	+
柄海鞘 *Styela clava*	++	+	+
日本拟背尾水虱 *Paranthura japonica* Richardson	+	+	/
华美盘管虫 *Hydroides elegans*	+	+	+
索沙蚕 *Lumbrineris japonica*	+	+	+
鲍枝螅 *Halocordyle disticha*	++	++	+
海绵 *Pachychalina variabilis* Dendy	+	+	/

种　类	月　份		
	9	10	11
角偏顶蛤 *Modiolus metealfei* Hanley	+	+	+
薮枝虫 *Obelia* spp.	+	+	+

注:"＋"表示出现,"/"＝表示没有出现,"＋"越多表示数量越大。

10月的优势种为玻璃海鞘(*C. intestinalis*)和紫贻贝(*M. edulis*)。11月的优势种为紫贻贝(*M. edulis*)。玻璃海鞘和柄海鞘及贻贝是附着生物群落中的优势种。10月以后随着水温的降低,海鞘的数量迅速消退,但贻贝可以持续生长。

4. 栉孔扇贝养殖笼上附着生物优势种的数量

玻璃海鞘、柄海鞘和贻贝是桑沟湾栉孔扇贝养殖笼上附着生物群落的优势种,在栉孔扇贝养殖笼和贝壳上的数量见表2-2。9月,各种附着生物的数量最多,之后逐渐下降。生产当中所使用的栉孔扇贝养殖笼一般为8层,每层养殖栉孔扇贝约30个,每笼养殖栉孔扇贝约240个。因此,9月和10月的玻璃海鞘和紫贻贝的数量大于笼内养殖的扇贝的数量。

表2-2　栉孔扇贝养殖笼上和贝壳上附着生物优势种的数量

	扇贝养殖笼上(个)			扇贝壳上(个)		
	玻璃海鞘 *C. intestinalis*	柄海鞘 *S. clava*	紫贻贝 *M. edulis*	玻璃海鞘 *C. intestinalis*	柄海鞘 *S. clava*	紫贻贝 *M. edulis*
9月	364.26±28.20	19.50±5.68	440.02±48.32	2.72±3.04	0.19±0.47	1.47±0.19
10月	310.50±31.85	5.10±7.36	278.50±34.56	0.43±1.08	0.13±0.40	1.05±1.15
11月	100.00±13.46	3.00±6.22	232.16±22.04	0.25±0.44	0.11±0.70	0.58±1.38

(三)附着生物对栉孔扇贝和虾夷扇贝生长与存活的影响

挑选规格相近的两种扇贝各170只进行实验,栉孔扇贝壳长为54.4 mm±4.22 mm,闭壳肌干重为0.31 g±0.06 g,剩余软体组织干重为0.51 g±0.14 g;虾夷扇贝壳长58.8 mm±2.49 mm,闭壳肌干重0.36 g±0.11 g,剩余软体组织干重0.75 g±0.12 g。实验前首先清除贝壳上所有肉眼可见的附着生物,随机选取20只扇贝,测量其壳长,之后解剖扇贝分离出上壳、闭壳肌和剩余软体组织,65 ℃烘干48 h,称量干重。分别做上壳干重、闭壳肌干重和剩余软体组织干重与壳长的回归分析,确定与壳长之间的回归关系。

剩余的两种扇贝 150 只被随机地分为 4 个实验组和 1 个对照组,每组 30 只贝。对各组扇贝的壳长进行方差分析,各组之间的初始壳长没有显著差异。实验组扇贝的上壳干重由壳长和上壳干重的回归关系确定,在 4 个实验组扇贝上壳中间分别沾上相当于上壳干重的 0.5 倍、1 倍、2 倍和 3 倍重的"速凝水泥"(分别以 M0.5、M1、M2 和 M3 表示);取另外一组没有添加水泥的扇贝作为对照组(Control)。测量每只扇贝的初始壳长,并在每只扇贝的壳上用防水记号笔写上标号。

实验处理完成后,实验扇贝在育苗厂的水槽内流水暂养 3 天,以去除实验处理所造成的胁迫,之后将扇贝放在盛满海水的水桶中运送到桑沟湾的实验地点。实验扇贝在 8 层的养殖笼中养殖,养殖笼的直径约为 30 cm,层高约为 20 cm。养殖笼悬挂在浮筏上,养殖深度约为 2.5 m,养殖笼每层养殖扇贝 25 只,(每组 5只),这样排列是使各组扇贝在各水层深度上的分布没有差异。

1. 附着生物对存活率的影响

实验结束时,各组扇贝均有很高的存活率,各组之间的存活率之间没有显著差异($P > 0.05$)(图 2-10)。大部分死亡个体的壳长均与初始时相似,说明这些死亡的个体是在实验初期就死亡的,很可能是由于实验操作对其造成了胁迫或损伤,而不是由于实验处理的原因在生长过程中死亡的。

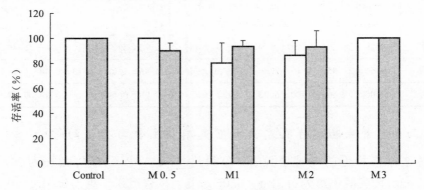

图 2-10 扇贝壳上附着生物对栉孔扇贝和虾夷扇贝存活率的影响

2. 附着生物对生长性能的影响。

两种扇贝的壳长(SL),闭壳肌干重(MDM)均没有显著差异(图 2-11)。M0.5 组的虾夷扇贝剩余软体组织(RDM)的生长显著高于其他各组,其均没有显著差异($P < 0.05$;图 2-11c)。结果显示,栉孔扇贝和虾夷扇贝的生长没有受到

壳上添加的附着物的影响。

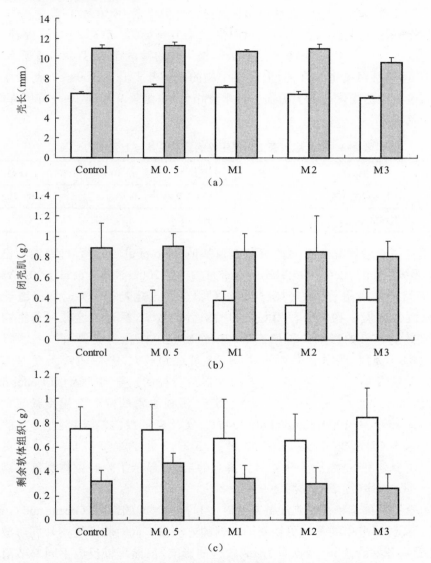

图 2-11　贝壳上附着生物的重量对栉孔扇贝和虾夷扇贝壳长
（a）闭壳肌（b）剩余软体组织（c）生长的影响

3. 贝壳上附着生物的数量

从养殖笼里随机取出 60 个扇贝样品,用以调查统计贝壳上的附着生物的数量。将所有的附着生物从扇贝的上壳取下,称量附着生物的重量($W_{shell\ fouling}$)及扇贝上壳的重量($W_{upper\ valve}$);附着生物与上壳的重量比,称为附着比例。

　　壳上的污损生物的重量显示出明显的季节特征(表2-3),9月温度较高,污损生物的重量为1.47 g,随着温度降低污损生物的数量在10月急剧下降到0.49 g,但11月尽管温度继续降低,但污损生物的重量却上升到2.09 g。污损生物与上壳的重量比例变化与壳上污损生物重量相似,也是从9月到10月有所降低,到11月又有升高。

表2-3　栉孔扇贝壳上污损生物的重量及其与上壳重的比例

月　份	9月	10月	11月
壳上污损生物重量(g)	1.47±2.05	0.49±0.73	2.09±2.24
污损生物重与上壳重的比(%)	28.16±38.6	10.24±15.03	31.29±31.63

　　桑沟湾是中国北方重要的贝藻养殖基地(Guo et al, 1999),对桑沟湾已经有很多研究(Fang et al, 1996; Hawkins et al, 2001, 2002; Nunes et al, 2003; Yang et al, 2005),但是对附着生物的研究却相对很少。方建光等(1996)调查统计了浮筏和延绳上附着生物优势种如海鞘和贻贝等的数量,探讨了这些附着生物对栉孔扇贝养殖容量的影响。蒋增杰等(2006)研究了栉孔扇贝养殖笼上的附着生物的数量,他们发现附着生物的数量在8月达到最大,之后随着温度的降低而下降。在温带海区温度是影响附着生物群落特征的最重要的因素(Lodeiros and Himmelman, 2000)。桑沟湾位于温带海区,污损生物的附着在温度最高的8、9月最多(Cao et al, 1998; Jiang et al, 2006)。实验期间桑沟湾7月到11月的平均水温分别为18.5, 23.7, 24.5, 17.7和11.5 ℃,9月的温度最高,虽然本实验只进行了3个月,但是经历了从高温到降温的过程,显示了附着生物群落在高温期的动态变化规律(图2-6～图2-9)。

　　附着生物群落特征受到演替起始时间和持续时间的影响(Greene and Grizzle, 2007)。实验所采用的每月更换新的挂网的方法没有同时将所有网片同时放入水中,会受到开始阶段先锋种(群)形成较慢的影响,虽然可以反应不同季节附着生物变化的特征,但也可能会导致估计的附着生物量偏低。附着生物中的大型种类的生物量所占比例大,群落的结构和功能主要受这些种类的影响,所以本实验鉴定了大型附着生物的种类,对其数量进行了统计。养殖笼上的大型附着生物鉴定为23种,与Ge等(2007)的研究结果相似,他们发现爱莲湾牙鲆 *Paralichthys olivaceus* 养殖网箱上的大型附着生物约有26种。本实验中,栉孔扇贝养殖笼上的附着生物的种类与爱莲湾鱼网箱上的附着生物种类相似,是由于两个海湾地理位置相邻的原因。

玻璃海鞘(*C. intestinalis*)、柄海鞘和(*S. clava*)与紫贻贝(*M. edulis*)是桑沟湾附着生物群落当中的优势种。很多研究显示海鞘是很多海区附着生物的优势种类(Lesser et al, 1992; Claereboudt et al, 1994; Hodson et al, 2000; Romo et al, 2001)。附着生物的数量和种类在不同的地域之间差别很大,主要是由于环境的理化参数相差很大(Hanson and bell, 1976; Wildish et al, 1988)。

9月大连海区(39°01′～39°04′N, 121°44′～121°49′E)栉孔扇贝养殖笼上污损生物的重量约为 3.33 kg(Cao et al, 1998),大于本实验中的研究结果,主要由于大连的附着生物群落的优势种是端足类(*Amphipoda*),软体动物(*Mollusa*)和苔藓虫(*Bryozoa*),这些种类的重量很大。

Zheng and Huang(2005)研究报道了大亚湾(22°31′N, 114°31′E)养殖的珍珠贝养殖笼上的污损生物马氏珠母贝(*Pinctada martensii*)为 1.96～6.80 kg,附着生物的数量较多主要是受较高水温的影响。

美国西海湾的附着生物约为 15 kg/m(Greene and Grizzle, 2007)远大于桑沟湾,主要是由于紫贻贝(*M. edulis*)为群落的优势种。9月栉孔扇贝养殖笼上的附着生物的重量约为 1.94 kg。蒋增杰等(2006)的研究结果显示扇贝养殖笼上的附着生物的重量约为 1.28 kg,低于本实验的结果,原因是玻璃海鞘等在托盘底面上的数量很大,而后者只研究了养殖笼表面附着的生物。

玻璃海鞘是桑沟湾附着生物群落的优势种,其本来是北大西洋的种类(Van Name, 1945; Plough, 1978),但是随着航运发展逐渐将海鞘分布扩散到了全世界(Monniot and Monniot, 1994; Lambert and Lambert, 1998),并成为很多海区附着生物群落的优势种(Millar, 1960)。

海鞘是固着性的生物,但其受精卵经过 1～5 天的发育,会首先形成不需外界营养,可自由游泳的幼体(Dybern, 1965; Svane and Havenhand, 1993),之后经过变态进入固着生活的阶段。海鞘有很强的繁殖能力,成熟个体每天可进行一次产卵活动,每个海鞘在一个繁殖季节可以产生 500 个卵子(Carver et al, 2003)。玻璃海鞘不需要特殊的固着基,在各种材料如水产养殖的网具、锚定系统、浮筏、船体等上均可附着(Petersen and Riisgard, 1992; Connell, 2000; Mazouni et al, 2001),附着的密度可达每平米 3 000 个(Carver et al, 2003)。周毅(2000)研究报道,在烟台四十里湾一个扇贝养殖笼上柄海鞘和玻璃海鞘的数量分别为 200～400 个和 100～400 个。

海鞘的附着对贝类养殖产生了很大的影响（Karayucel，1997；Cayer et al，1999；Hecht and Heasman，1999；Uribe and Etchepare，2002）。温度是影响海鞘产卵和固着的最重要的因素（Dybern，1965；Gulliksen，1972；Marin et al，1987；Carver et al，2003）。在较寒冷的地区，如瑞典和挪威，海鞘的产卵和附着具有明显的季节特征，在夏季高温时出现高峰；但是在温暖的地区，如英国等，海鞘在全年都可以形成卵子（Dybern，1965；Gulliksen，1972）。桑沟湾属温带地区，附着生物的发生也呈现出明显的季节变化趋势（图2-6～图2-9）。附着生物的数量变化趋势与温度的变化趋势一致（图2-4），随着温度的升高，附着生物的数量也逐渐增加，在夏季达到最高峰。9月以后水温下降，附着生物的数量也随之急剧下降，这主要是由于玻璃海鞘的逐渐消退。10月以后，贻贝成为优势种，随着贻贝的生长，附着生物的数量又有所升高。

随着温度的下降，海鞘的数量逐渐降低，从9月到10月，附着生物的重量有所降低，11月附着生物的数量又有所上升，主要是由于紫贻贝（*M. edulis*）成为群落的优势种。本实验的结果与Kong等（2000）的结果有所不同，他们报道鲍养殖笼上的附着生物在8、9月达到最高峰，之后随着温度的降低而降低。本实验的结果显示，在9月扇贝养殖笼上的附着生物的湿重几乎与养殖笼的湿重相当，是养殖笼湿重的98.70%，这导致浮筏和吊绳以及锚定系统等的承重和受力显著增加（图2-8）。附着生物的重荷会导致浮筏系统因受力增加而损坏，甚至发生沉筏。附着生物可以通过定期的清理或者更换养殖笼而去除，但是这两种方法均会导致扇贝在空气中暴露，而降低扇贝的生长速度和存活率，这点在夏季尤其明显。另一种方法就是增加养殖笼的深度。因为附着生物的数量随着水深而降低（Hanson and Bell，1976；Claereboudt et al，1994；Dubost et al，1996），但是在较深的水层中扇贝的食物也会减少，进而影响扇贝的生长速度（Leighton，1979；MacDonald and Bourne，1989；Côte et al，1993；Claereboudt et al，1994）。因此，建议在夏季采取增加浮漂的方法，增加浮力，避免筏架遭受损害，而不降低扇贝的养殖水层，保持其快速的生长。在温度较低的时候，贻贝（*M. edulis*）是附着生物的优势种，它们会和扇贝竞争食物，10月以后温度逐渐降低，此时即使干露在空气中，对扇贝造成的损害也较小，所以可在10月以后通过更换或者清理养殖笼的方法去除附着生物，尤其是贻贝和海鞘等滤食性生物，以减少与扇贝饵料的竞争。

对于扇贝壳上的附着生物的数量特征尚未见报道。本研究的结果显示，贝壳上附着生物的变化趋势与养殖笼上的相似（图2-7）。栉孔扇贝壳上的附着生物的数量远低于热带扇贝贝壳上的附着生物，如热带扇贝（*Euvola ziczac*）贝壳上的附着生物是上壳重的 86%～90%（Lodeiros and Himmelman，1996），而华贵栉孔扇贝（*Chlamys nobilis*）壳上的附着生物的重量是上壳重的 42.65%～56.98%（Su et al，2008）。在桑沟湾的扇贝养殖中，在夏季附着生物较多的时候，经常倒换养殖笼或者清理贝壳能去除附着生物，但是这些操作会延长扇贝在空气中干露的时间，导致死亡率升高，生长速度下降。贝壳上的附着生物除了与贝类竞争饵料外，主要是通过增加扇贝的负担等机械作用，而影响扇贝的正常生长（Cropp and Hortle，1992；Lesser et al，1992；Vélez et al，1995；Lodeiros and Himmelman，1996，2000）。但作者的研究显示，即使贝壳上的附着生物的重量达到扇贝上壳重的三倍也不会对栉孔扇贝和虾夷扇贝的正常生长和存活造成明显的成负面影响。9 月栉孔扇贝壳上附着生物的湿重约是上壳干重的 28.16%±38.60%，因此附着生物的重量不足以对扇贝的生长和存活造成显著的影响。清除附着生物不仅需要增加劳动操作的成本，而且会对扇贝造成胁迫，导致死亡率升高（Ventilla，1982；Parsons and Dadswell，1992）。因此，尤其在北方温带海区，清除扇贝壳上的附着生物是得不偿失的，贝壳上的附着生物可以在 10 月以后，水温较低时清除，以减少贻贝等对扇贝饵料的竞争。

本实验期间，桑沟湾实验点的水温为 7.7 ℃～16.6 ℃，在这样的温度下自然生长的附着生物量很少，所以贝壳上的自然附着生物对实验结果的影响可以忽略。Salazar（2004）的研究发现壳上附着生物的量达到上壳重的 47% 时，对牡蛎 *C. rhizophorae* 的壳长和软体组织的生长没有显著的影响。而 Lodeiros and Himmelman（1996）发现当附着生物的干重达到热带扇贝 *E.ziczac* 上壳重的 86 ℃～90% 时就会对其生长和存活率造成不利的影响。本实验中，栉孔扇贝和虾夷扇贝壳上的附着生物的数量即使达到上壳重的 3 倍，也未对其生长和存活造成不利的影响。Lodeiros et al（2007）也发现当牡蛎 *C.rhizophorae* 壳上的附着生物达到上壳重的 3 倍时，才会对其壳长造成影响。本实验和这些研究结果说明贝壳上的附着生物对贝的影响，与附着生物的重量有关，也存在种属差异，即不同种类的贝类对其影响也不同。贝壳上的附着生物是否会对贝类产生影响，也与附着生物的种类有关（Widman and Rhodes，1991；Cropp and Hortle，1992）。桑沟湾夏季附着生物的数量达到最高峰，优势种类有玻璃海鞘（*Ciona intestinalis*）和柄海鞘（*Styela clava*）以及紫贻贝（*Mytilus edulis*）等（Jiang et al，2006）。这些优势种均不是钻孔生物，在贝壳上的附着不会使贝壳畸形。但是值得注意的是，在桑沟湾牡蛎（*C. gigas*）的生长速度快于扇贝，其在贝壳上的附着生长会导致贝壳严重变形，甚至将扇贝的上下壳粘连在一起，使其不能正常的开闭，影响正常的滤水和呼吸等正常的生理功能。有研究表明,壳上的附着生物会增加上壳重量,进而增加肌肉和韧带的负担(Widman and Rhodes, 1991; Uribe et al, 2001),影响扇贝软体组织的生长(Cropp and Hortle, 1992; Lodeiros and Himmelman, 1996, 2000);但是 Lodeiros 等(2007)的研究和本实验的结果显示附着生物的重量即使达到上壳重的 3 倍,也没有对闭壳肌和软体组织的生长造成不良的影响。

桑沟湾处在温带海区,附着生物在高温的夏季最多,但重量远远低于热带海区(Cao et al, 1998; Wong et al, 1999; Jiang et al, 2006)。桑沟湾的水温在夏秋季的 8～9 月最高(Mao et al, 2006),附着生物的数量在此期间达到最大(Jiang et al, 2006)。9 月栉孔扇贝壳上的附着生物的湿重约为上壳干重的 28.16%±38.60%,而 8 月虾夷扇贝壳上的附着生物的干重约为上壳干重的 7.82%±2.38%,低于热带海区贝类壳上的附着生物,如 E. ziczac 壳上的附着生物是上壳重的 86%～90%(Lodeiros et al, 1996),Chlamys nobilis 壳上的附着生物的重量是上壳重的 42.65%～56.98%(Su et al, 2008)。对于在养殖条件下的栉孔扇贝和虾夷扇贝,贝壳上附着的自然生物的重量远低于本研究中的水泥的重量,因此附着在贝壳上的污损生物不太可能因为增加了壳的重量,而对扇贝的生长和存活造成不良的影响。虽然清除滤食性的附着生物可以减少它们对扇贝的饵料竞争,但是清除操作会对扇贝造成胁迫,降低扇贝的生长速度甚至导致死亡(Ventilla, 1982; Parsons and Dadswell, 1992),所以对扇贝壳上的附着生物进行清理很可能是得不偿失的。因此建议在生产当中,除了牡蛎附着在扇贝壳上应当立即清除外,没必要对扇贝壳上的其他的附着生物进行清除。尤其是在高温季节,倒笼操作也应当尽快完成,不必同时清理壳上的污损生物。贝壳上的附着生物可以在收获前进行清理,以使外表更加美观,获得更高的市场价值。

(四)贝类和附着生物整体元对桑沟湾环境的影响

1. 栉孔扇贝养殖单位(SCU)对 POM 的摄食率

把栉孔扇贝养殖笼(连同笼内的扇贝和笼上附着的所有生物(assemblage: scallop+biofouling))作为一个单位进行研究,定义为 Scallop Culture Unit(SCU)。分别于 2008 年 6 月、8 月、9 月在直径为 60 cm、高为 200 cm 的圆柱形的塑料袋中注入 234 L 海水。把栉孔扇贝养殖笼迅速放入到塑料带中,使养殖笼完全浸没在水中。操作过程中小心避免损伤笼上的附着生物。塑料袋底部系上 2 kg 的坠石,养殖笼悬挂在栉孔扇贝的浮筏上,深度约为 2.5 m(与生产中的栉孔扇贝养殖深度相同,图 2-12);设置不放扇贝养殖笼的空的塑料袋,操作与实验组相同,作为对照组,实验组和对照组各设三个重复。

实验扇贝养殖笼为"灯笼"笼(Lantern net),高约为 1.6 m,由直径约为 30 cm 的橡胶托盘分为 8 层,每层高约为 20 cm。实验扇贝为一龄的栉孔扇贝,每层养殖扇贝约为 30 个。6～9 月栉孔扇贝的湿重为 3.88～11.85 g/ind。8 月扇贝养殖笼上附着生物的总生物量平均约为 1 130 g,主要种类包括海鞘、贻贝、苔藓虫、钩虾、麦秆虫、海绵、鲍枝螅以及海带、马尾藻、刺松藻、石莼、江蓠等。实验时间为 2～6 h(根据水温调整,保证溶解氧含量不低于初始的 60%,以保证扇贝的正常生理状态),实验结束时取出扇贝养殖笼,悬挂在原处继续养殖,做好标记,以后各月仍使用这些扇贝养殖笼进行实验,以使数据具有连续性。扇贝养殖笼放入前取塑料袋中的水样测量水样中的氮(NH_4-N、NO_3-N、NO_2-N)和磷酸盐(PO_4-P)的浓度、溶解氧含量,作为初始参数。实验结束时将实验塑料袋中的水体搅拌均匀,取水样放在冰盒内迅速带回实验室测定。

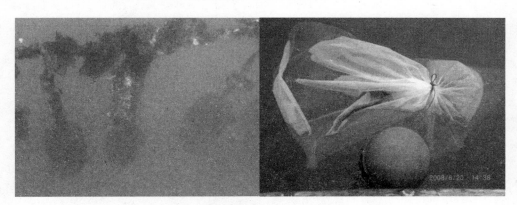

图 2-12　栉孔扇贝养殖单位(SCU)生态效应研究

栉孔扇贝养殖单位(SCU),在 6 月、8 月和 9 月对有机颗粒物(POM)的摄食率为 43.13～98.94 mg/h,平均为 74.05 mg/h(图 2-13)。桑沟湾的栉孔扇贝养殖面积约为 1 920 公顷,整个湾的养殖笼数量为 600 万个,从 6 月到 9 月,养殖的栉孔扇贝和附着生物从湾内摄取 1 279.58 t 的有机颗粒物。

2. 栉孔扇贝养殖单位(SCU)的氮磷排泄率

栉孔扇贝养殖网笼整体,在 6 月、8 月和 9 月对氨氮(NH_4-N)和磷(PO_4-P)的排泄速率分别为 125.59～1432.23 μmol/h 和 76.2～252.89 μmol/h(图 2-14),平均排泄速率分别为 872.58 μmol/h 和 156.42 μmol/h,从 6 月到 9 月栉孔扇贝的养殖会排泄 211.09 t 的氮和 83.79 t 的磷。

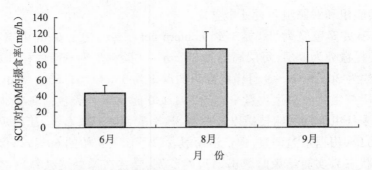

图 2-13　栉孔扇贝养殖单位（SCU）对颗粒有机物（POM）的摄食率

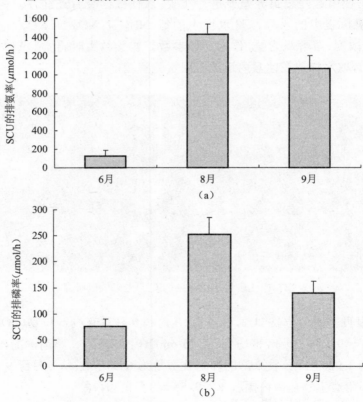

图 2-14　栉孔扇贝养殖单位（SCU）对（a）氨氮（NH₄-N）和（b）磷（IP，PO₄-P）的排泄率

3. 牡蛎养殖单位养殖单位（OCU）对 POM 的摄食率

将整串牡蛎（连同牡蛎壳和吊绳上的附着生物（assemblage: oyster + biofouling）），定义为 Oyster Culture Unit（OCU）放入 50 L 的塑料桶内，观察牡蛎

的壳张开,开始滤水后,盖好上盖,封闭桶口,开始实验计时。将塑料桶悬挂在浮筏上,深度约 1.5 m(与生产当中养殖深度相同,图 2-15)。实验结束后,取出牡蛎串,将实验桶内的水搅拌均匀,用虹吸法取水样,用滴定法测量溶解氧的浓度(Winkler method, Strickland and Parson, 1972)。根据水温和牡蛎个体大小,调整实验时间,使实验结束水体中的溶解氧的含量不低于初始的 60%,以保证实验牡蛎是在正常的生理状态下进行的实验。牡蛎仍在浮筏上原来的位置养殖,下次实验仍然用相同的牡蛎进行实验。

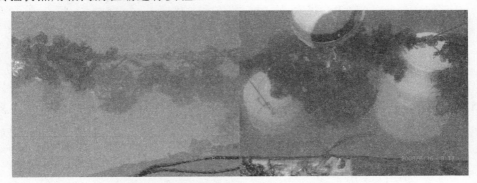

图 2-15　牡蛎养殖单位(OCU)生态效应研究

牡蛎养殖单位在 6 月、8 月和 9 月对有机颗粒物(POM)的摄食率为 5～41.43 mg/h,平均为 23.25 mg/h(图 2-16),以此计算牡蛎的养殖对 POM 的摄取约为 14.53 mg/(h·m²)。

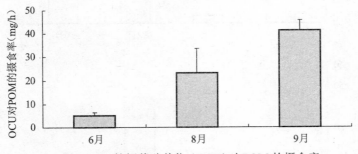

图 2-16　牡蛎养殖单位(OCU)对 POM 的摄食率

4. 牡蛎养殖单位(OCU)的耗氧率

牡蛎养殖单位(OCU)在夏季(5、6、8、9 月)的耗氧率为 16.54～41.76 mg/h,以此计算牡蛎的养殖对溶解氧的摄取为 10.34～26.1 mg/(h·m²)(图 2-17)。

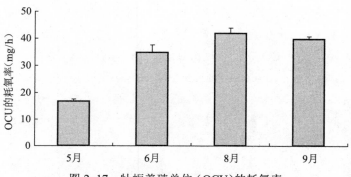

图 2-17　牡蛎养殖单位（OCU）的耗氧率

5. 牡蛎养殖单位（OCU）的氮磷排泄率

牡蛎养殖单位在 6～9 月对氨氮（NH_4-N）和磷（PO_4-P）的排泄速率分别为 35.56～489.34 $\mu mol/h$ 和 9.92～16.68 $\mu mol/h$（图 2-18）；牡蛎养殖单位在夏季氮（$N-NH_4$）和磷（$P-PO_4$）排泄速率分别为 0.31～4.28 mg/（$h \cdot m^{-2}$）和 0.19～0.32 mg/（$h \cdot m^2$）。

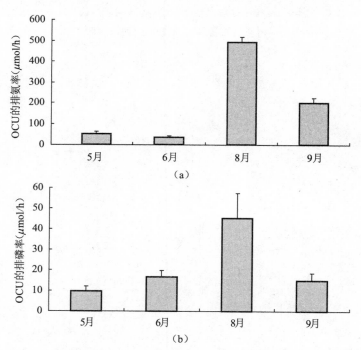

图 2-18　牡蛎养殖单位（OCU）向桑沟湾的（a）氮排泄及（b）磷排泄率

　　贝类养殖对环境和生态系统的影响，日益引起了广泛的关注。贝类养殖影响营养盐尤其是溶解性无机氮（Dissolved inorganic nitrogen，DIN）的数量和时空动态变化，进而对浮游植物产生很大的影响（Kaspar et al，1985；Hammond et al，1985；Dame and Libes，1993）。Mao 等（2006）在现场条件下研究了长牡蛎（*Crassostrea gigas*）的耗氧率和氮、磷排泄速率，进而估算出牡蛎养殖每年会向桑沟湾排泄 280.8 t 的氮和 53.8 t 的磷，并消耗 8 645 t 的溶解氧；但 Mao 等的研究仅考虑了牡蛎养殖的影响，并未对附着生物的影响进行研究。周毅（2000）研究了栉孔扇贝的氮、磷排泄速率，估算了扇贝养殖对四十里湾生态系统的影响，发现栉孔扇贝的大规模养殖对该湾的浮游植物和营养盐产生很大的影响；该作者还测定了栉孔扇贝等养殖贝类与柄海鞘和玻璃海鞘等附着生物的呼吸排泄，发现玻璃海鞘和柄海鞘对氮的排泄速率分别为 1.09 和 0.83 $\mu mol/(h \cdot ind)$，对磷的排泄速率分别为 0.07 和 0.061 $\mu mol/(h \cdot ind)$。夏季海鞘每天排泄的氮即达 1.12 t，排泄的磷为 0.17 t，约为养殖的栉孔扇贝排泄速率的 1/4，可见附着生物对海湾生态环境的影响不能忽视。Mazouni 等（2001）研究了长牡蛎及附着生物对 Thau lagoon（法国）湾营养盐的影响，发现牡蛎界面与水界面营养盐和溶解氧的变化 70% 是由附着生物种类变化引起的。因此，研究扇贝和牡蛎等贝类养殖对生态系统的影响，必须考虑附着生物的影响。

　　然而，附着生物群落结构复杂，包含很多的种类，各种附着生物种类之间存在着复杂的相互影响，仅考虑几个附着生物种类可能难以全面反映附着生物群落对环境及生态系统的影响。Ross 等（2002）研究了扇贝（*Pecten maximus*）养殖笼内的水环境特征，发现与干净的养殖笼相比，有附着生物的养殖笼内的悬浮颗粒物数量多且具有更高的质量（POM/TPM 比较高），有附着生物的养殖笼内部即营养状况好于干净的养殖笼，可能是藻类等附着生物的有机碎屑增加了笼内颗粒有机物的水平，动物排泄的氮、磷营养盐促进浮游植物的生长。因此，必须从更高层次即群落水平上进行研究，才能更准确地揭示附着生物的生态功能及其对生态系统的影响。

　　栉孔扇贝和长牡蛎是北方地区贝类养殖的主要品种，也是养殖规模最大的种类，一般采用筏式吊养的方式进行养殖。栉孔扇贝在养殖笼内养殖，牡蛎在幼体时附着在吊绳上，均在浮筏上进行悬吊养殖，养殖过程中基本没有其他的操作管理。本实验把扇贝养殖笼（包括养殖的扇贝和笼上及贝壳上所有的附着生物（scallop＋biofouling））作为养殖单位（SCU）进行研究，把牡蛎串（包括牡蛎和吊绳及扇贝壳上的全部附着生物（oyster＋biofouling））为养殖单位（OCU）

进行研究,测定贝类和附着生物整体的代谢特征,揭示贝类养殖对水环境和生态系统的影响。栉孔扇贝养殖笼上和扇贝壳上以及牡蛎吊绳和壳上的附着生物种类繁多,包括石莼(*Ulva linza*, *Ulva pertusa Kjellm* 与 *Ulva lactuca L*),裙带菜(*Undari apinnatifida*),浒苔(*EnteromorPha prolifem*)和刺松藻(*Codium fragile*(Sur.)Hariot)等藻类,以及贻贝(*Mytilus edulis*),好斗埃螳(*Ericthonius pugnax Dana*),钩虾(*Stenothoe sp*),麦秆虫(*Caprella scaura*),玻璃海鞘(*Ciona intestinalis*),柄海鞘(*Styela clava*)与华美盘管虫(*Hydroides elegans*)等动物。海绵动物具有很高的滤食效率,几乎可以滤去所有的悬浮颗粒物(Reiswig,1972),而海鞘则可以连续摄食,并具有调节滤清率和保持率(Robbins,1984;Osman et al,1989;Lesser et al,1992)的能力,附着生物群落整体对浮游植物的保持率高于组成群落的任一种类(Branch,1984;Stuart and Klumpp,1984)。Mazouni 等(2001)的研究发现牡蛎对养殖水体中的叶绿素没有明显的降低作用,但是却明显改变了浮游植物的个体大小和浮游植物群落的种类组成。因此,用叶绿素水平评定贝类养殖对海区营养状况的影响是有局限性的(Smaal and Van,1990)。

本研究采用颗粒有机物(POM)含量作为定量研究贝类和附着生物整体对浮游植物的影响的指标。实验结果显示,栉孔扇贝养殖单位(SCU)从 6 月到 9 月从湾内摄取的有机颗粒物达 1 279.58 t,牡蛎养殖单位(OCU),在 6 月、8 月和 9 月从桑沟湾摄取的有机颗粒物为 535.68 t。桑沟湾 6～9 月的初级生产力为 231.63～1 419.68 mg C/(m·d)(方建光等,1996),则 6～9 月桑沟湾的初级生产力约为 15,076 t(POC)。栉孔扇贝和牡蛎以及附着生物摄取的颗粒有机物约占桑沟湾总量的 12%。根据本实验的结果,牡蛎养殖单位(OCU),在 5～9 月消耗的溶解氧约为 955.58 t。Mao 等(2006)在桑沟湾现场条件下测定了牡蛎的耗氧率,根据他们的实验结果,牡蛎在 5～9 月消耗的氧气为 4 466.58 t,高于本实验的结果,可能是附着在牡蛎壳和吊绳上的植物通过光合作用释放了氧气,使牡蛎和附着生物整体对溶解氧的消耗低于单纯的牡蛎消耗。牡蛎养殖单位(OCU)在 5～9 月排泄 62.37 t 的氮和 15.50 t 的磷。根据 Mao 等(2006)的研究结果,养殖的牡蛎 6～9 月排泄的氮、磷分别为 139.25 t 和 22.56 t,均高于本实验的结果,可能是由于附着的藻类吸收了部分氮、磷的原因。以上的这些结果说明附着生物对养殖单位的氮、磷排泄有一定的影响。Mazouni 等(1998)也报道了牡蛎养殖单位(OCU)与水界面之间的营养盐和溶解氧通量变化的 70% 是由附着生物种类变化引起的,本实验及 Mazouni 等的实验显示出研究贝类养殖对海湾生态环境的影响,需要同时考虑附着生物群落的影响。

二、不同养殖模式下的微生物群落特征

大型藻类作为生物过滤器技术是 20 世纪 70 年代发展起来的，后来被很多学者所重视，并逐渐发展和完善了大型藻类与鱼、虾、贝类及大型藻类与多种生物的综合养殖模式。大型藻类与养殖动物之间具有生态上的互补性。大型藻类能吸收养殖动物释放到水体中的营养盐，自身生物量获得较高经济价值的同时对养殖环境的生物修复和生态调控功能起重要作用，提高了整个系统的生态效率和经济效益（Troell et al, 2003）。例如，Langdon 等（2004）构建的鲍和掌状红藻系统中，鲍排出的氨氮被红藻吸收、同化转化为自身的生物量，这种经济价值较高的红藻又可以用来喂养鲍，既增加了养殖生态系统的稳定性，又提高了单位水体的产出。与浮游植物和其他清洁生物相比，大型藻类的生长机制较为保守，体内的营养贮存机制使它们更适合在营养盐波动的水体环境中生长，其能调节、改善水体环境，从而达到较好的净化效果。

尽管国内外对不同尺度的综合养殖生态系统中的养殖动物和大型藻类的生长特性、营养盐排泄和吸收效率、系统输出和经济效益评估及养殖模式的构建等方面有较详细的研究（毛玉泽，2004; Kuenen and Robertson, 1998），但对生态系统中的一个重要组成部分——微生物在系统中的作用及不同养殖模式下的微生物数量、群落结构的变化和主要功能群的作用规律缺少关注（Pang et al, 2006）。

微生物是海洋环境的组成部分，对海洋环境有重要的生态意义。尤其是异养细菌在水体和沉积物中发挥了氧化、氨化、硝化、反硝化、解磷、硫化和固氮等作用，能消除海水中的氨氮、硫化氢等有害物质，同时能将有机物分解为 CO_2、硝酸盐等，提供藻类繁殖生长所需要的营养物质。

（一）贝藻综合养殖系统中微生物的变化规律

1. 海带和扇贝混养系统中微生物的变化规律

用 18 个直径为 60 cm、高为 180 cm 的柱状薄膜袋，内装消毒海水 400 L 进行室内贝藻混养模拟研究。实验时间是从 2007 年 3 月 20 到 4 月 2 日，共进行 10 天。实验时，将刷洗干净的扇贝每 5 个为一组吊养在柱状薄膜袋中，保持每组扇贝的重量相同；海带则按与扇贝不同的重量比采用夹苗的方法吊养在柱状薄膜袋中。实验共设置 6 个处理，即扇贝单养以及栉孔扇贝和海带的重量比分别为 2:1、1:1、1:2、1:3 混养、海带单养，每个处理 3 个平行；整个实验过程中不换水，24 小时充气，定量投喂硅藻。每天早晚测量其水温、溶氧、pH，每 5 天取水样 1 次，测定营

养盐的变化,其中溶氧、pH采用YSI测定,营养盐用分光光度法测定。每个处理贝藻放置情况见表2-4。

表2-4　海带和栉孔扇贝混养贝藻放养情况

处　理	处理 1			处理 2			处理 3			处理 4			处理 5			处理 6		
袋　号	A5	B2	C2	A6	B5	C6	A2	B6	C5	A3	B3	C1	A4	B4	C4	A1	B1	C3
扇贝(g)	132.9±0.76			132.7	130.4	127.6	133.6	124.6	129.6	133.8	129.1	133	137.2	129.5	131.5			
海带(g)				58.8	53	61.6	119.1	119	121.2	254.3	249.3	245.2	398.1	388.7	401.3	119.8±1.35		
比　例	扇贝单养			2:1			1:1			1:2			1:3 混养			海带单养		

(1)异养细菌数量的变化。

图2-19表示混养系统中异养细菌的变化情况,从图中可以看出,在实验期间,异养细菌的总体变化为先升高后下降,在第7天达到最大值。在高峰期,不同处理的异养细菌的数量有显著差异,扇贝单养组数量最多为343×10^2 cuf/mL,海带单养组数量最低为110×10^2 cuf/mL,贝藻不同比例混养组中的异养细菌数量位于两者之间,数量由高到低依次为2:1组,1:1组,1:2组和1:3组,该变化趋势说明海带对总异养细菌具有一定的抑制作用。

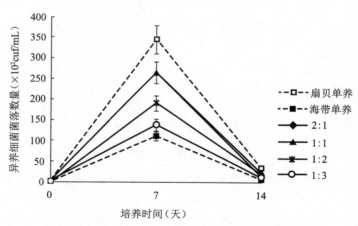

图2-19　海带扇贝混养中异养细菌的变化

(2)弧菌菌落数量变化。

图2-20给出了不同处理中弧菌的情况。可以看出,扇贝单养组的弧菌量最多,接近1000 cuf/mL;海带单养的弧菌数量最少,不到300 cuf/mL;贝藻混养组

的弧菌数量介于两个单养组之间,数量由大到小依次为混养组2:1、1:1、1:2和1:3。可见,海带对弧菌有一定的抑制作用。

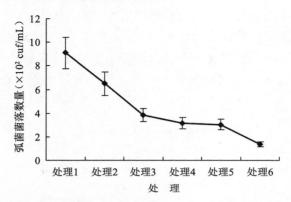

注:图中的不同处理表示贝藻的不同比例,处理1为扇贝单养组,其他依次是贝藻2:1、1:1、1:2、1:3和海带单养

图2-20　海带扇贝混养中弧菌的变化

（3）氨化细菌菌落数量变化。

不同处理中的氨化细菌的数量变化见图2-21。从图中可以看出,在实验期间,氨化细菌数量先上升后下降,各处理均在第7天达到最大值。扇贝单养组的上升幅度最大,海带单养组的上升幅度最小,其他混养组的变化在两个单养组之间。第14天,各处理组氨化细菌的浓度都有所降低,其中贝藻1:3组下降最多,扇贝单养组下降最小。

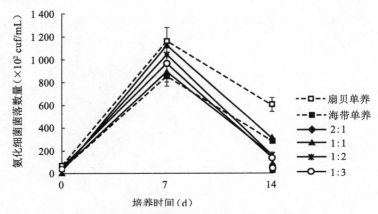

图2-21　海带扇贝混养中氨化细菌数量的变化

（4）硝化细菌菌落数量变化。

硝化细菌菌落数量变化如图 2-22 所示。从图中可以看出,综合养殖系统运行一段时间后,硝化细菌菌落的数量呈上升趋势,混养 1:3 组上升最大,扇贝单养组稍低,海带单养组数量最小。培养 14 天后,各处理组硝化细菌菌落数量出现了较明显的变化,扇贝单养组硝化细菌菌落数量最大为 1 744 cuf/mL,海带单养组最低为 440 cuf/mL,混养各组数量介于两者之间从大到小依次是 1:1 组、1:2 组、2:1 组和 1:3 组。

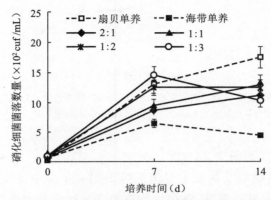

图 2-22　海带扇贝混养中硝化细菌菌落数量的变化

（5）亚硝化细菌的菌落数量变化。

图 2-23 给出了各处理亚硝化细菌的菌落数量的变化。从图中可以看出,除处理 2 外(混养 2:1 组)亚硝化细菌菌落在不同比例组的数量总体趋势是下降的,扇贝单养组细菌菌落数最大为 1 663 cuf/mL,单养海带组细菌菌落数最低为 490 cuf/mL,其他 3 个混养组变化不大,细菌菌落数量在 1 000 cuf/mL。

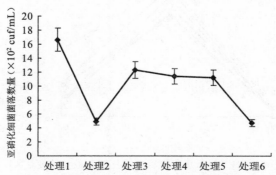

图 2-23　海带扇贝混养中亚硝化细菌菌落数量的变化

2. 海带、龙须菜和扇贝混养系统中微生物的变化规律

实验共设置 7 个处理,即海带单养、龙须菜单养、海带和栉孔扇贝的重量比分别为 1:1、2:1,龙须菜和栉孔扇贝的重量比分别为 1:1、2:1 和扇贝单养。实验时,将刷洗干净的扇贝每 4 个为一组吊养在柱状薄膜袋中,保持每组的扇贝重量相同,海带、龙须菜则按与扇贝不同的重量比采用夹苗的方法吊养在柱状薄膜袋中。整个实验过程中不换水,24 小时充气,定量投喂金藻。每天早晚测量其水温、溶氧、pH,每 3 天取水样 1 次,通过测定水样的吸光度,来测定营养盐的变化,其中溶氧、pH 采用 YSI 水质分析仪测定。

1) 异养细菌的菌量变化

(1) 海带和扇贝混养系统中异养细菌的变化。

图 2-24 示海带和扇贝混养系统中异养细菌的变化情况。从图 2-24 中可以看出,在养殖期间,各处理中的异养细菌总数总体上是前期变化不大,后期呈上升趋势。培养至第 6 天,各组的菌数变化不大,数量较低;第 6～9 天,除扇贝单养组数量变化较小外,其他各组均有所增加,混养 1:2 组增幅最大,然后依次是海带单养组和混养 1:1 组。第 9～12 天,各组菌数均上升,其中海带单养组上升幅度最小,由 5 000 cuf/mL 上升到 8 800 cuf/mL,混养 1:1 组上升最大,由 3 400 个上升到 22 800 个 /ml。实验结束时混养 1:2 最大,其他依次为混养 1:1 组、扇贝单养组和海带单养组。

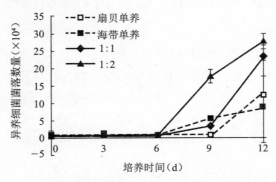

图 2-24　海带和扇贝混养异养细菌菌落数量的变化

(2) 龙须菜和扇贝混养系统中异养细菌的变化。

图 2-25 示龙须菜和扇贝混养系统中异养细菌的变化情况。从图 2-25 中可以看出,龙须菜和扇贝混养的异养细菌的变化趋势和扇贝海带混养情况相似,培养至第 6 天,细菌数量较低,各组变化较小;第 6 天后各组异养细菌数量开始增

加。与海带和扇贝混养组不同的是在 6～9 天,扇贝单养和混养 1:2 组均无显著变化,且混养 1:2 组在第 12 天时菌数仍然较低,而龙须菜单养组的菌量与其他组相比一直较高。实验结束时,龙须菜单养细菌数量最高为 24 800 cuf/mL,然后依次是扇贝单养、混养 1:1 组和 1:2 组。

比较两图(图 2-24、图 2-25)可以发现,至第 6 天时,细菌数量保持在较低水平,可能是因为养殖初期,扇贝排泄物的营养盐可以被大型藻类吸收,水中其他有机物含量也较少。第 6 天后,由于当时水温较高,大于海带的最适生长水温上限(18 ℃),海带出现不同程度的腐烂,水体有机物增多,细菌数急剧增加,因此出现海带扇贝混养组中菌数增加较多的现象,而龙须菜单养组菌数高于混养组的现象还需要进一步研究。

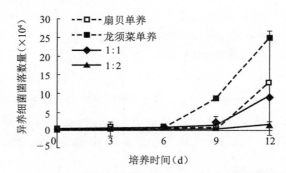

图 2-25　扇贝和龙须菜混养异养细菌菌落数量的变化

2)弧菌的菌量变化

(1)海带和扇贝混养系统中弧菌数量变化。

图 2-26 示海带和扇贝混养系统中弧菌的变化情况。从图 2-26 中可以看出,弧菌总的变化趋势是上升的,培养至第 3 天,除扇贝单养组有明显的增加外,其

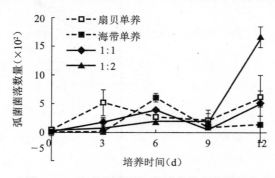

图 2-26　海带和扇贝混养弧菌菌落数量的变化

他各组无显著变化，且弧菌菌数较少；第 3～6 天扇贝单养组稍有下降，其他各组菌量增加，海带单养组增幅最大，混养 1:2 组增加较少；第 6～9 天扇贝单养和混养 1:2 组菌数变化不大，其他两组稍有下降，第 9～12 天扇贝单养菌数不变，其他三组菌数上升；实验结束时混养 1:2 组弧菌数量最多为 1 670 cuf/mL，其他依次为扇贝单养、混养 1:1 组和海带单养组。

（2）龙须菜和扇贝混养系统中弧菌数量变化。

图 2-27 示龙须菜和扇贝混养系统中弧菌的变化情况。从图 2-27 中可以看出，龙须菜和扇贝混养系统中弧菌菌数总体呈上升趋势。培养至第 3 天时各组菌都上升，其中扇贝单养组上升最快；第 3～9 天，各组弧菌数量变化不同，扇贝单养组和混养 1:2 组下降，龙须菜单养组先上升后下降，而混养 1:1 组则基本保持不变；第 9～12 天，扇贝单养组和混养 1:1 组呈上升趋势，龙须菜单养组和混养 1:2 组基本保持不变；实验结束时，扇贝单养组弧菌数最高为 600 cuf/mL，其他依次为混养 1:1 组、1:2 组和龙须菜单养组。同时还可以看出，整个养殖时间内扇贝单养组弧菌数最高，龙须菜单养组弧菌数量最低。比较海带和龙须菜两图（图 2-26、图 2-27）可以发现，弧菌在不同的混养系统中，变化趋势基本相同，都是在培养至第 3 天时开始上升，第 3～6 天下降或保持不变，第 9～12 天上升，总体为上升趋势，仅是在海带混养中混养 1:2 组弧菌数在第 9～12 天出现异常增长的现象。

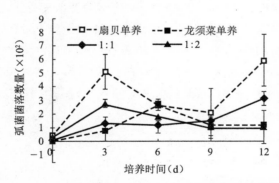

图 2-27　龙须菜和扇贝混养弧菌菌落数量的变化

3）氨化细菌数量变化

（1）海带和扇贝混养系统中氨化细菌变化。

图 2-28 示海带和扇贝混养系统中氨化细菌的变化情况。从图中可以看出，培养至第 3 天时，各组的氨化细菌的数量基本保持不变；仅在第 6 天前后有略微增加；第 6～9 天，各组菌数显著增加，其中混养 1:1 组增长最快，达到 30 000

cuf/mL，其次是混养 1:2 组达到 25 000 cuf/mL，单养组增长相对较少；第 9～12 天，除扇贝单养组略有增加外，其他各组均呈下降趋势；实验结束时扇贝单养组氨化细菌的数量最多，其次是混养 1:2 组和海带单养，混养 1:1 组菌数最少。

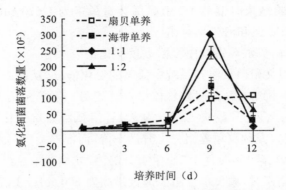

图 2-28　海带与扇贝混养氨化细菌菌落数量的变化

（2）龙须菜和扇贝混养系统中氨化细菌的变化。

图 2-29 示龙须菜和扇贝混养系统中氨化细菌的变化情况。从图 2-29 中可以看出，培养至第 3 天时，氨化细菌的数量基本不变，仅是在混养组略有增长；第 3～6 天，混养组菌数下降，龙须菜单养菌数有所增加；第 6～9 天，各组菌增长显著，其中龙须菜组增长最快；第 9～12 天，氨化细菌菌数变化出现不同，其中龙须菜单养组和混养 1:2 组菌显著下降，而扇贝单养组和混养 1:1 组菌变化不明显；实验结束时，扇贝单养组细菌数最多为 11 000 cuf/mL，其他依次是混养 1:1、混养 1:2 和龙须菜单养组。比较两图（图 2-28、图 2-29）可以得出，海带混养和龙须菜混养的氨化细菌的变化基本一致，在培养至第 6 天时基本不变，第 9 天时显著增加，第 12 天开始下降。

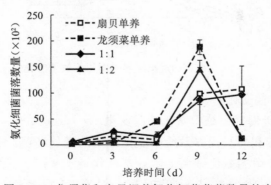

图 2-29　龙须菜和扇贝混养氨化细菌菌落数量的变化

4）硝化细菌数量变化

（1）海带和扇贝混养系统中硝化细菌数量变化。

图2-30示海带和扇贝混养系统中硝化细菌的变化情况。从图2-30中可以看出，海带和扇贝混养中硝化细菌的菌数呈上升趋势，培养至第3天时，各组菌数基本未变；第3～6天，各组菌均略有增加；第6～9天除混养1:1组菌数略增加外，其他各组均有下降，但下降不明显；第9～12天，各组硝化细菌都呈增长趋势，其中扇贝单养组增长最快达到50 000 cuf/mL；实验结束时，硝化细菌的数量以扇贝单养组最高，其次是两个混养组，海带单养组最少仅为10 000 cuf/mL。

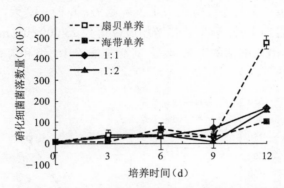

图2-30　海带和扇贝混养硝化细菌菌落数量的变化

（2）龙须菜和扇贝混养系统中硝化细菌数量变化。

图2-31示龙须菜和扇贝混养系统中硝化细菌的变化情况。从图2-31中可以看出，龙须菜和扇贝混养中硝化细菌呈上升趋势。培养至第3天时，各组菌数略有上升；第3～9天各组菌数不变；第9～12天各组均增长，其中扇贝单养组增长最快，达到50 000 cuf/mL；试验结束时，硝化细菌的数量以扇贝单养组最高，混

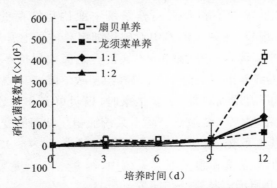

图2-31　龙须菜和扇贝混养硝化细菌菌落数量的变化

养组位于中间,龙须菜单养组菌最少。比较硝化细菌在两个不同的混养系统中的变化可知,海带和龙须菜两个混养系统中硝化细菌的变化趋势一致,培养至第9天时基本不变,第9~12天大幅度增长,混养组菌数在单养菌的范围之内。

5)亚硝化细菌数量变化

(1)海带和扇贝混养系统中亚硝化细菌数量变化。

图2-32示海带和扇贝混养系统中亚硝化细菌的变化情况。从图2-32中可以看出,海带和扇贝混养系统中亚硝化细菌总体呈上升趋势。培养至第3天,各组的亚硝化细菌基本保持不变,第3~6天各组菌数略有增加,混养1:2组较其他三组增加较慢;第6~9天各组菌数均呈下降趋势;第9~12天,除混养1:1组均保持不变,其他三组均上升,扇贝单养增加最快达到25 000 cuf/mL;实验结束时,扇贝单养系统中亚硝化细菌的数量最高,其次是混养1:1组和海带单养,混养1:2组最低。

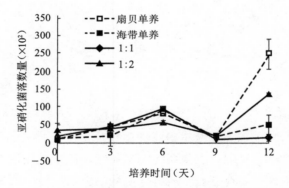

图2-32 海带和扇贝混养亚硝化细菌菌落数量的变化

(2)龙须菜和扇贝混养系统中亚硝化细菌的数量变化。

图2-33给出了龙须菜和扇贝混养系统中亚硝化细菌的变化情况。从图2-33中可以看出,扇贝、龙须菜混养中亚硝化细菌总体呈上升趋势。培养至第3天时各组亚硝化细菌基本不变;第3~6天混养组菌数保持不变,单养组菌数有所增加;第6~9天混养组菌依旧不变,单养组菌数下降;第9~12天各组细菌均增加,混养组较单养组增加较慢;实验结束时,扇贝单养和龙须菜单养菌数最高达到25 000 cuf/mL,混养1:2最低。两个系统亚硝化细菌的变化趋势基本相同,培养至第3天时基本不变,第3~9天先增加后减少,第9~12天各组细菌均有明显增高趋势。在龙须菜和扇贝混养系统中,第9~12天龙须菜单养的菌数出现较大幅度增加,其原因有待进一步研究。

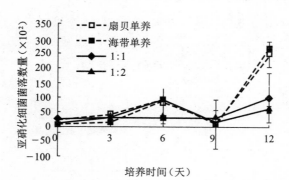

图 2-33　龙须菜和扇贝混养亚硝化细菌菌落数量的变化

综合养殖作为一种健康的养殖模式已经在世界范围内得到关注,大型藻类能有效吸收养殖水体中过剩的营养盐,通过光合作用产生氧气改善养殖水体环境(黄凤莲等,2004a,2004b)。但是目前对综合养殖系统中细菌的含量变化研究较少。本研究的结果表明贝藻混养系统中大型藻类能有效地降低某些细菌的数量。尽管不同贝藻比例间某些细菌数量的分布无明显的规律,但与扇贝单养组比较具有显著性差异。

从图 2-20、图 2-26、图 2-27 中可看出混养组和藻类单养组的弧菌数明显少于扇贝单养组,这与 Pang 等(2006)的研究结果一致,他们认为在稚鲍和一种红藻混养系统中,海藻有效地抑制水体弧菌的繁殖。同样,黄凤莲的研究也认为在滩涂海水种植养殖系统中,红树林可以显著降低水体中弧菌的含量(黄凤莲等,2004c)。弧菌作为目前海水养殖业中最为常见的条件致病菌,一般情况下,自然海水中弧菌的数量较低,但在海水养殖环境中其数量明显升高。徐怀恕等(1999)的研究表明,弧菌喜好生长在有机质丰富的环境中,其数量的多寡可以指示环境的污染程度。而贝藻混养系统中,大型藻类能有效抑制水体中弧菌的繁殖,降低水产养殖种疾病的爆发和流行,为健康养殖创造了条件。

在氮循环过程中,反硝化、硝化、亚硝化及氨化作用是微生物的特有环境功能,只有存在这些细菌,才能发生相应的氮循环过程,因此,氮循环细菌的分布对氮循环过程有重要影响(图 2-34)。硝化和亚硝化细菌能够将水体中的氨或氨基酸转化为硝酸盐,而硝酸盐正好是大型藻类必需的营养盐,同时还可以用来指示海洋环境的好氧状况,细菌数量通常与好氧呈正相关(王国祥等,1998)。氨化细菌可将水体中有机氨转化为 NH_3,使水体中不能为植物所利用的有机氮转化为可供利用的无机氮,为植物和其他自养及异养微生物提供了良好的生长条件。反硝化细菌可将硝酸盐还原为亚硝酸盐,进一步还原为 N_2O 或 N_2,因此,反硝化细菌的丰度可以指示海水和沉积物中硝酸盐的浓度(李洪波等,2005)。

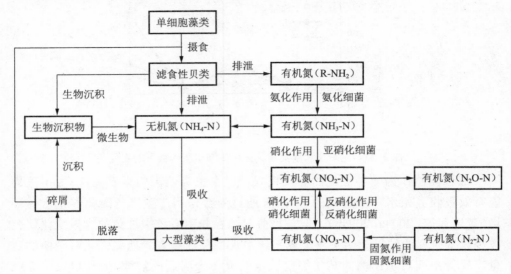

图 2-34 综合养殖系统中氮营养循环和相关细菌之间的关系

对海带、龙须菜、扇贝混养系统的研究可知,在同一时间内,氨化细菌与亚硝化细菌呈两种截然相反的变化趋势。如在培养至第 9 天时氨化细菌达到周期最高值 30 000 cuf/mL,亚硝化细菌是周期最低值 785 cuf/mL,第 12 天时氨化细菌急剧降低到 260 cuf/mL,亚硝化细菌上升到 25 000 cuf/mL 的最高值。马悦欣等(2005)研究认为在沙蚕闭合循环式养殖系统中氨化细菌数量与硝化细菌数量有关,系统中的氨化细菌数量高,则硝化细菌数量低;相反,如果氨化细菌数量低,则硝化化细菌数量相对高一些。Trzilova(1976)在研究 Danube 河断面不同细菌功能群的数量及其分布时发现,氨化细菌及亚硝化细菌的数量是有规律出现的,即随着大量有机物排入河道,这些细菌的数量大量增加。细菌数量的变化,特别是氨循环细菌的变化直接反映了硝化作用及水中营养盐的状况。另外,在氨循环过程,特别是在硝化作用中,细菌数量的变化与营养盐的变化趋势并没有直接的相关性。首先因为亚硝化细菌仅仅是在好氧条件下将 NH_4 转化为 NO_2 的好氧氨氧化菌的一种。基于 16SrRNA 基因序列同源性的系统发育分析表明,环境中的好氧氨氧化菌主要属于 β 和 γ Proteobacteria 两个亚纲。其中,γ Proteobacteria 亚纲好氧氨氧化菌适合在海洋环境生长,主要是 Nitrosococci,该属由 3 种已被公认的亲缘关系密切的 Nitrosococcus 种组成,包括 Nitrosococcusoceanus 和 NitrosococcushloPhilus(郝永俊等,2007)。因此,仅以亚硝化细菌的变化反映由

NH$_4$-N 转化为 NO$_2$-N 是不可行的。其次，硝化作用中从 NO$_2$-N 经 N$_2$O，N$_2$ 通过固氮作用转化为 NO$_3$-N 过程复杂，不能仅以硝化细菌判断各种形式氮的转化。再次，本次实验未涉及反硝化细菌的影响，因此，需要更深入的研究，揭示混养系统重担的循环和利用规律，阐明贝藻综合养殖的互利机制，为建立环境友好的健康养殖模式提供科学依据。

（二）不同养殖模式对水体微生物群落结构的影响

在桑沟湾设 17 个取样点，采样站位见图 2-1（16、19 号站位除外）。用 Nisken 采水器采集水样，对水深超过 8 m 的 7 个站位，加采底层水样。取 10 mL 水样，加入甲醛（终浓度为 2%），4 ℃保存，用于细菌计数，每个样品 3 个平行。另取 3 L 水样低温保存运回实验室，用 0.22 μm 醋酸纤维滤膜过滤 500 mL 水样（3 个平行）用于水体中微生物群落结构分析；0.45 μm 的醋酸纤维滤膜过滤 500 mL 水样，滤膜用于叶绿素分析，水样用于营养盐的分析；用 0.45 μmGF/C 滤膜过滤 500 mL 水样用于 POM 分析；事先经过 450 ℃灼烧的 0.45 μm GF/F 过滤水样 100 mL 用于 POC 分析。

用 Microcorer 重力采泥器采集沉积物样品，采集直径为 6 mm，高度为 15～25 cm 的带有上覆水的柱状底泥，虹吸收集上覆水，泥样每 3 cm 分层后冷冻保存，上覆用 0.45 μm 滤膜过滤后用于营养盐分析。泥样样品运回实验室后取 10～20 g 用于泥样 DNA 提取，其余样品恒温离心（5 000 r/min，20 min）取上清液，经过 0.45 μm 滤膜过滤后得到间隙水样品，用去离子水稀释后进行营养盐分析。

1. 理化指标和营养盐含量

调查期间，各站位理化指标和营养盐指标见表 2-5。调查站位平均水深 10.3 m，从湾底向湾口递增，湾口附近递增的幅度比较大，桑沟湾内湾水较浅，水温受气温、光照等环境条件的影响较大，湾口与湾内的水温差高达 6.8 ℃。盐度的总体趋势是湾内低于湾外，湾底的盐度低于湾中和湾口，但相差不大。TIN 范围为 2.87～21.95 μmol/L，湾底的 17 号和 18 号站位最高，次高值出现在湾外的 1 号和 3 号站位，湾中南部相对较低；湾外 TIN 较高，可能与外海水交换有关，湾底高值可能与贝类养殖和陆地径流有关。PO$_4$-P 浓度相对较低，范围为 0.04～0.34 μmol/L，分布比较均匀，中部、北部区域略低。

表 2-5　不同站位理化指标和营养盐含量

站位	水深 Depth	温度 Temp	溶解氧 DO	pH	叶绿素 a Chla	盐度	磷酸盐 PO₄-P	总无机氮 TIN
	m	℃	mg/L		μg/L		μmol/l	μmol/l
1	20.0	17.9	7.94	7.73	1.74	31.0	0.10	15.46
2	16.3	17.9	7.15	7.60	1.68	31.0	0.16	2.87
3	13.5	16.8	6.98	7.68	1.52	31.0	0.34	11.24
4	18.0	16.1	6.92	7.67	1.09	31.1	0.10	5.28
5	9.0	18.6	7.11	7.72	2.16	30.8	0.16	4.04
6	11.0	17.9	7.06	7.68	1.82	30.9	0.21	4.00
7	11.7	19.1	7.14	7.61	1.69	30.6	0.14	6.69
8	8.0	21.0	7.27	7.62	1.78	30.3	0.27	10.68
9	8.1	20.6	7.24	7.68	2.33	30.2	0.19	7.11
10	8.6	21.6	7.30	7.80	3.17	29.9	0.03	8.61
11	8.2	20.9	7.26	7.74	0.86	30.2	0.10	4.16
12	8.2	21.1	7.28	7.71	1.05	30.4	0.18	4.93
13	7.0	23.1	7.39	7.74	1.74	29.7	—	—
14	7.1	21.8	7.28	7.72	2.88	29.7	0.16	7.98
15	7.5	21.9	7.31	7.78	122	29.4	0.16	9.15
17	6.0	22.9	7.35	7.92	34.78	28.3	0.23	21.18
18	6.5	21.3	7.27	7.71	4.31	29.4	0.27	21.95

2. DGGE 对桑沟湾不同养殖区微生物群落结构的分析

通过 DGGE（Denaturing Gradient Gel Electrophoresis, DGGE, 变性梯度凝胶电泳）图谱可以看出桑沟湾不同养殖区微生物群落大约有 30 个类群（图 2-35），不同养殖区有所差异，总体上湾外受养殖影响较小，细菌多样性相对较低（1～4 号站位），网箱养殖区和靠近岸边的区域细菌多样性丰富（13、17 和 18 号站位），说明湾内的微生物的群落结构比湾外要丰富，贝藻混养区的微生物群落结构较为相似（6～12、14、15 号站位）。

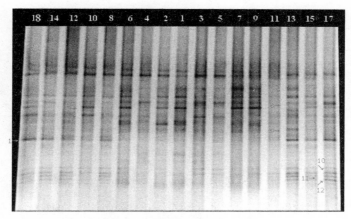

图 2-35　DGGE 割胶条带比对图谱

3. DGGE 割胶条带比对和测序结果分析

在 DGGE 图谱中分离后的条带中,选取荧光强度较亮的主条带进行切胶回收、重新 PCR 扩增和测序。测序的结果在 Genebank 数据库中用 BLAST 进行检索和同源性比较。从 DGGE 图谱中主条带的测序结果可以确定条带所代表的菌群分类地位。目前已经测序的 12 条优势带的基因片段序列与 Genebank 中细菌序列相似性如表 2-6 所示。从这些 DGGE 带谱所代表的微生物种类可以确定不同养殖区微生物中所含细菌群落的优势菌群的组成。比对的结果可以看出 12 个类群分属于交替假单胞菌(*Pseudoalteromonas sp.*)、变形门菌 *Proteobacterium*、放线菌属(*Actinobacterium*)、海洋真杆菌(*Marine eubacterium*)、交替单胞菌(*Alteromonas sp.*)、芽孢杆菌(*Anoxybacillus* 和 *Roseobacter*)等,其中有 8 个类群是没有获得纯培养的类群。

表 2-6　DGGE 不同养殖区条带序列比对结果

割胶带号	系统发生组别	Genbank 数据库中最相似菌种名称	相似性
1	γ 变形菌门	假交替单胞菌 D0-PB-F02	94%
2	γ 变形菌门	未培养北极 γ 变形菌门 96B-16	95%
3	γ 变形菌门	假交替单胞菌 RE2-5b	98%
4	γ 变形菌门	假交替单胞菌 Aeh30-vw	97%
5	放线菌门	未培养放线菌克隆 SV2-23	98%
6	α 变形菌门	未培养 α 变形菌门克隆 T41_5	97%
7	γ 变形菌门	未培养海洋真细菌 OTU_F	92%

续表

割胶带号	系统发生组别	Genbank 数据库中最相似菌种名称	相似性
8	γ变形菌门	未培养交替单胞菌克隆 BL03-SPR05	95%
9	α变形菌门	未培养玫瑰杆菌 NAC11-3	98%
10	γ变形菌门	未培养细菌克隆 s48 16S	97%
11	厚壁菌门	厌氧芽孢杆菌 HT14	94%
12	放线菌门	未培养放线菌克隆 PI_4p6e	96%

4. 不同养殖区微生物群落聚类分析

为了更直观地反应各站位间水体微生物群落结构的相似性,用 Quantity One 分析软件,以戴斯系数(Dice coefficient, Cs)量化了不同站位 DGGE 图谱之间的相似性,用非加权算术平均法(The Unweighted Pair Group Method with Arithmetic Averages, UPGMA)对不同养殖区的微生物结构进行了聚类分析(图 2-36)。17 个站位大体上分为 4 个区域,即非养殖区(1)、湾外区(2～4)、湾中区(5～12、14～15)、湾底区(13、17～18)。区内相似性(55.5%～94%)高于区间相似性(41%～53%)。贝类单养和网箱养殖区与非养殖区相似性最低为41%,扇贝单

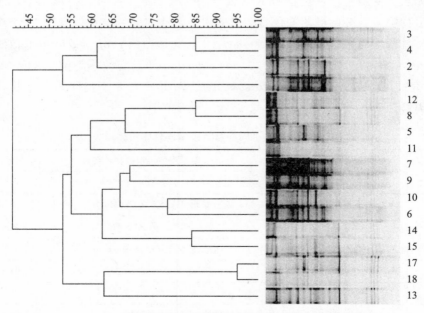

图 2-36 不同养殖区微生物多样性聚类分析

养区和牡蛎单养区水体微生物群落结构相似性最高为94%,网箱养殖区与贝类单养区聚为一类,相似性为61%,说明网箱养殖和贝类单养对水体微生物的影响存在差异。

DGGE是目前环境微生物研究中普遍采用的研究方法之一。Díez等(2001)认为DGGE可快速便捷地对采自不同环境的大量样品进行多样性分析,借助于分离条带的序列测定,进而监测和研究环境样品中出现的特定物种。本研究聚类分析发现单养区(贝类单养和网箱养殖)与非养殖区的微生物群落相似性最低,海带单养和非养殖区的微生物群落聚在一起群落相似性较高。微生物的聚类结果与养殖方式对环境的影响特点基本一致。有研究表明,网箱养殖能改变水域颗粒物的粒度分布、改变生物群落结构,底部沉积物中富含无机氮、无机磷和硫化物,使微生物活动增强,加速沉积物中氮、磷等营养盐的释放,使水体碳、氮、磷负荷升高;大规模的贝类养殖,可使海水潮流流速降低,导致养殖环境沉积速率的改变和影响养殖系统内的氧气交换,使环境缺氧(Karakassis et al,2000;Rosa et al,2001;Kalantzi et al,2006;粟丽等,2012;蒋增杰等,2007);而大型海藻养殖可以净化养殖废水、控制水域富营养化、调控水域生态平衡。因此从养殖对环境的影响角度看,网箱养殖和贝类单养对环境的影响最大,海带单养区对环境污染程度最小,综合养殖对环境的影响居中。研究结果还发现,扇贝、牡蛎单养区和网箱养殖区微生物群落聚在一起,微生物多样性相似性较高,为61%,扇贝单养区和牡蛎单养区的相似性最高,为94%。牡蛎和贝类同为滤食性贝类,靠滤食水中的浮游植物和有机碎屑为生,通过滤水摄食、生物沉积等生命活动影响水环境,因此这两个区域的微生物相似性最高。网箱养殖与贝类单养微生物具有较高的相似性,说明网箱养殖与贝类单养都会导致养殖环境发生改变,因此,贝类单养区与网箱养殖区微生物群落聚在一起,同时由于网箱养殖是投饵养殖,贝类是不投饵养殖,两者养殖方式存在较大差异,因此,相对于网箱养殖,牡蛎和贝类单养对环境的影响更为一致,其微生物群落结构也最相似。综合养殖区微生物群落结构较为相似,说明该养殖方式可以减少贝类养殖对环境的影响,是值得推广的养殖模式。

总之,因为微生物对环境的变化较敏感,因此通过微生物群落结构的变化能够比较准确地反映养殖环境的变化。可以利用微生物的这一特点,寻找对特定养殖环境具有指示作用的微生物,通过监测这些微生物的变化,反映养殖区的环境变化,进而为健康养殖提供依据。

三、不同养殖模式对桑沟湾底质环境的影响

中国是世界上贝藻养殖的第一大国,2011 年养殖贝类、藻类的年产量分别为 1 154 万吨和 16 万吨,在某些区域,贝类大规模的养殖历史已超过 20 年,在长期的养殖过程中,养殖生物产生的生物性沉积物及残饵会聚积在海底,可能会对底质环境及底栖生物产生负面影响(Tomassetti et al, 2009; Fabi et al, 2009; Klaoudatos et al, 2006)。挪威的大西洋鲑的养殖产业非常发达,已经建立了相应的监测、管理框架以使鲑的养殖产业能够可持续发展。例如,建立了鲑鱼的接种疫苗规程,建立了相关的标准和规章制度,尽可能减少鲑鱼发生病害的危险。尤其重要的是,挪威建立了有关的环境规则——MOM 系统(Monitoring, Ongrowing fish farms, Modelling,简称 MOM 系统),以确保养殖场周围的环境质量不恶化,不超过预先确定的水平(Ervik et al, 1997)。MOM 系统由模型和监测规程组成,包括环境质量标准(Environmental Quality Standards, EQS),因此,可以利用最小的花费,就可以直接、快速了解养殖场周围的环境条件。根据 MOM 系统,挪威建立了鱼类养殖场的监测标准(Norwegian Standards Association, 2000),现在这一监测标准已经正式立法(Anonymous, 2004)。我国尚缺乏完整有效的质量评估技术以准确评价养殖活动对沉积环境的压力,同时,缺少相应的监测、管理体系以指导海水养殖产业的可持续发展。

MOM 系统包括 3 部分,MOM-A 为生物沉积通量的监测、MOM-B 为底质环境压力的监测、MOM-C 为基于 MOM-B 的网箱养殖容量的评估。其中,MOM-B 系统由 3 个指标组组成,生物、化学和感官指标组。所有的参数可从现场调查中直接获得,不需要实验室分析样品,具有直接、快速、简便易行的特点,能够在第一时间内了解养殖场周围的环境状况。我们通过与挪威国家海洋研究所有关专家的合作研究,改进了 MOM-B 的评价体系,希望能够通过调整和改进,应用到我国海水养殖的管理中。

(一)规模化贝藻养殖对养殖区底质环境的压力

在桑沟湾设 10 个沉积物取样点,分别为 1, 5, 8, 10, 12, 13, 14, 16, 18, 19(图 2-1)。分别在 2006 年的 4 月、7 月、11 月及 2007 年的 1 月进行调查取样。用小的重力柱状采泥器(直径 66 mm)或改进的 Van Veen Grab (250 cm²)抓斗式采泥器获得底泥的样品。每个站位至少取 2 个样。4 个航次的调查共计获得 66 个沉积物样品(每个站位取 2 个样,取平均值用于评分)。由于遇到硬底或浪大流急的情况,有的季节在 1、5 和 19、3 个站位没能取到沉积物的样品。

MOM-B 监测包括 3 组参数,第 1 组是生物参数(Group 1),主要是大型底栖动物;第 2 组是化学参数(Group 2),包括 pH 和氧化还原电位(Eh);第 3 组是底泥的感官参数(Group 3),包括底泥的颜色、气味等。在获取底泥的样品后,按照以下的步骤进行测定:首先,测定底泥的化学参数,从表层泥开始,每隔 20 mm 测定一次。如果没能采到柱状泥样,而是用抓斗式采泥器获得样品,将测 pH 和 Eh 的探头直接插入获得的底泥样品中,测定表层泥的 pH 和 Eh,当 pH 仪的读数稳定后记录,Eh 的变化小于 0.2 mv/s 时开始记录。其次,观测底泥的感官参数,包括底泥的颜色、气味、坚固性、气泡、软泥堆积的厚度等。最后,测定大型底栖生物。

1. 生物参数评价

挪威根据 MOM-B 监测的各项参数建立了评分规则,将各种参数指标数字化,分数越低,反应底质环境条件越好。第一组生物参数,根据大型底栖动物的存在与否来判定底质环境条件是否为可接受的。沉积物中有大型底栖动物,记为 0 分,认为底质环境条件是可接受的;如果沉积物中没有大型底栖动物,记为 1 分,判定底质环境条件为不可接受。MOM-B 的评分规则见图 2-37。

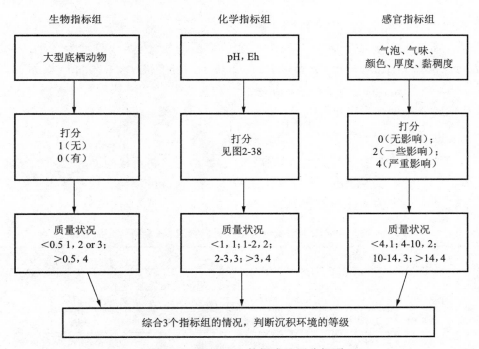

图 2-37　MOM-B 的组成及评分规则

根据 pH 与 Eh 之间的关系,将涵盖的不同区域数字化为 0、1、2、3 和 5。pH 与 Eh 的打分规则见图 2-38,据此,以实际测定的结果,来确定具体的分数情况。

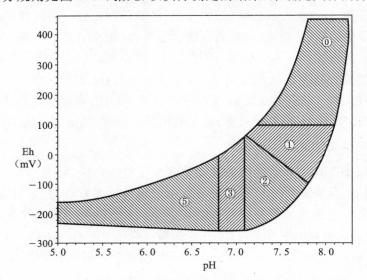

图 2-38　MOM-B 第 2 组化学参数的评分规则

在所有的沉积物样品中都发现了大型底栖动物,主要优势种为多毛类,如 *Tharvx multifilis*(Moor), *Lumbrineris longiforlia*(Imajima et Higuchi), *Amaeana occidentalis*(Hartman)and *Cirratulus sp.* 。根据该组的参数,可以判断所调查的站位的底质条件都为可接收的。

2. 化学参数评价

第 2 组化学参数和第 3 组沉积物的感官参数用来将可接受的底质环境分级, 也可判定底质环境条件是否为不可接受的。每隔 20 mm 测定沉积物柱状样的 pH 和 Eh。4 个季节的调查结果显示,所有样品的 pH 都不低于 7.0(表 2-7)。

表 2-7　桑沟湾 4 个季节各调查站位沉积物的 pH 和氧化还原电位

季　节	春		夏		秋		冬	
	pH	Eh	pH	Eh	pH	Eh	pH	Eh
1	—	—	7.5±0.05	86±6	7.9±0.1	85±3	8.0±0.1	109±8
5	7.9±0.2	171±80	7.3±0.3	72±4	8.0±0.3	73±1	—	—
8	7.8±0.3	181±32	7.6±0.2	111±21	8.0±0.2	66±6	8.2±0.2	179±16
10	8.1±0.03	119±21	7.6±0.2	79±122	8.0±0.01	89±39	8.1±0.1	153±69

续表

季　节	春		夏		秋		冬	
	pH	Eh	pH	Eh	pH	Eh	pH	Eh
12	7.6±0.1	180±6.8	7.6±0.05	173±83	8.4±0.01	95±3	—	—
13	—	—	7.8±0.01	101±16	—	—	—	—
14	8.1±0.2	143±18	8.2±0.1	153±98	8.1±0.3	91±21	8.1±0.05	112±8
16	7.9±0.2	146±45	7.5±0.02	159±32	7.9±0.02	88±13	8.1±0.1	134±22
18	7.7±0.03	137±7	7.6±0.08	64±6	7.9±0.3	82±16	8.3±0.04	94±21
19	7.5±0.2	109±26	7.5±0.08	92±13	—	—	8.3±0.05	105±15

Eh 的最高值通常出现在沉积物的表层（在此称为 0 mm 深度），随后显著降低（如图 2-39 所示）。夏季的 5#、8#、18# 以及秋季的 5# 和 8# 站位的 Eh 值在表层与 20 mm 深度处没有显著的变化。根据 MOM 系统的规定取 20 mm 处的测定结果进行评分，根据图 2-38 的评分规则，获得了各季节不同站位的分数（见表 2-8），由此得出，所有取样点的底质情况属于 1 级或 2 级。

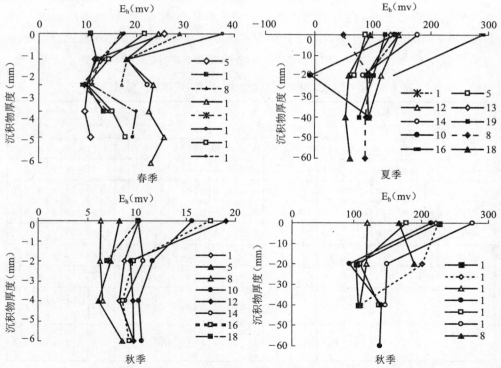

图 2-39　桑沟湾各季节沉积物氧化还原电位的抛面垂直分布情况

表 2-8   桑沟湾各季节第 2 组参数的得分底质状况分级情况

季节	参数	1	5	8	10	12	13	14	16	18	19	指标
春	打分	0	0	0	0			0	0	0	0	0
	等级	1	1	1	1	1	1	1	1	1	1	1
夏	打分	0	1	1	1	0		0	0	0	0	0.5
	等级	1	1	1	1	1	1	1	1	1	1	1
秋	打分	1	1	1	1	0		1	1	1	1	0.87
	等级	1	1	1	1	1	1	1	1	1	1	1
冬	打分	0	0	0	0	0		0	0	0	0	0
	等级	1	1	1	1	1	1	1	1	1	1	1

3. 感官参数评价

第 3 组沉积物的感官参数根据标准数字化,分为 0、1、2 和 4 分。沉积物被有机质污染得越严重,得分就越高。综合以上 3 组的数据,可以判断底质的环境条件(图 2-38)。第 3 组参数的打分情况见表 2-9,各站位沉积物样品的感官参数的总分数都在 2 至 5 之间,据此判定在 4 个季节桑沟湾底质条件都属于 1 级。

表 2-9   第 3 组沉积物感官参数的得分及底质环境的分级情况

第 3 组参数	春季取样站位							夏季取样站位										秋季取样站位								冬季取样站位						
	5	8	10	12	14	16	18	1	5	8	10	12	13	14	16	18	19	1	5	8	10	12	14	16	18	1	8	10	14	16	18	19
起泡	0	0	0	0	0	0	0	0	0	0	0	0	0	0	0	0	0	0	0	0	0	0	0	0	0	0	0	0	0	0	0	0
颜色	0	0	0	0	0	0	0	0	0	0	0	0	0	0	0	0	0	0	0	0	0	0	0	0	0	0	0	0	0	0	0	0
气味	0	0	0	0	0	0	0	0	0	0	0	0	0	0	0	0	0	0	0	0	0	0	0	0	0	0	0	0	0	0	0	0
黏稠	2	2	2	2	2	2	2	2	2	2	2	2	2	2	2	2	2	2	2	2	2	2	2	2	2	2	2	2	2	2	2	2
体积	1	1	1	0	2	1	2	1	1	1	1	1	1	1	1	1	1	1	1	1	1	1	1	1	2	1	0	1	1	0	1	2
厚度	0	0	0	0	0	0	0	0	0	0	0	0	0	0	0	0	0	0	0	0	0	0	0	0	0	0	0	0	0	0	0	0
总计(打分)	3	3	3	2	4	3	4	3	3	3	3	3	3	3	3	3	3	3	4	4	3	4	3	4	5	0	3	3	3	2	3	3
沉积物等级	1	1	1	1	1	1	1	1	1	1	1	1	1	1	1	1	1	1	1	1	1	1	1	1	1	1	1	1	1	1	1	1

　　诸多的调查结果显示，由于养殖活动的直接或间接的影响，浅海生态环境发生了显著的变化。例如，滤食性贝类可能促进沉积物－水界面的耦合作用，加快悬浮颗粒物的沉降速率，使有机物累积在底质中。而沉积物中聚集的大量有机质的腐烂降解，会增加对氧气的消耗，使沉积环境出现缺氧或厌氧的状况，由此，导致底栖生物群落转向以投机型的多毛类为优势群体（Mattson and Linden，1983；Hatcher et al，1994；Grant et al，1995；Chivilev and Ivanov，1997；Chamberlain et al，2001；Stenton-Dozey et al，2001）。关于桑沟湾大规模筏式贝类养殖的自身污染（生物沉积和氨氮代谢活动等）已有报道，认为生物、化学环境参数已经发生了某种程度的变化（Ji et al，1998；Cai et al，2003）。但是，到目前为止，尚不确定这种改变是否为可被接受的，是否会影响桑沟湾筏式养殖产业的可持续发展。本研究发现，在桑沟湾 4 个季节的调查中，沉积物中都存在大型底栖动物。尽管耐缺氧的多毛类成为主要的优势种，但是，也发现了其他的种类，如 *Crustacea species Cirolana japonensis* Richardson，*Paranthura japonica* Richardson，*Photis longicaudata*（Bate et Westwood）和（*Charybdis japonica*），这一结果显示了沉积物中有机质的富集并不是非常严重。沉积物中氧化还原电位的值都不低于 $+50$ mV，Eh 值夏秋季低于春冬季，春季和冬季的 Eh 值除 1 个站位外，都高于 $+100$ mV。同样，MOM-B 的其他组参数的结果也显示了桑沟湾贝藻长期大规模的养殖活动对底质环境的压力较低。

　　桑沟湾的养殖活动从 20 世纪 60 年代就开始了，经历了 40 多年的养殖，底质环境依然属于 1 级。然而，世界上其他的国家如欧洲、南非以及新西兰等国报道贝类的养殖活动对底质的环境产生了显著的影响（Dahlback and Gunnarsson，1981；Stenton-Dozey et al，1999；Kaspar et al，1985）。通过分析，本研究认为以下 3 点是桑沟湾保持良好底质环境的主要原因。

　　（1）桑沟湾低密度的养殖活动。根据桑沟湾目前的养殖面积和产量来计算，目前桑沟湾栉孔扇贝和太平洋牡蛎的单位产量分别为 1 kg/m^2 和 5 kg/m^2。据 Stenton-Dozey et al.（1999）报道，南非筏排养殖贻贝的单位产量达 175 kg/m^2，远远高于桑沟湾贝类的单位产量。在瑞典，2 800 m^2 的养殖面积，可产贻贝 100 t，相当于单位产量 24 kg/m^2（Dahlback and Gunnarsson，1981）。因此，本研究认为，尽管桑沟湾贝类的养殖面积较大，但是养殖密度相比来讲还是比较低的，这可能是目前贝藻养殖对底质环境压力较小的主要原因。

　　（2）桑沟湾良好的水动力条件。桑沟湾水域较浅，平均水深只有 7.5 m，湾口的宽度有 10 km，因此，与外部的海（黄海）的水交换较好。尽管筏式养殖的设施在某种程度上降低了海水的流速,增加了水交换周期的时间,但是,全湾海水的平均流速不低于 0.06 m/s。据报道,沉降的颗粒发生再悬浮的流速最低阈值为 0.02 m/s(Duarte et al,2003),可见,桑沟湾沉积物发生再悬浮的几率是相当大的。因此,本研究认为,可能是由于再悬浮过程和水平输运的原因,使得贝类的生物沉积发生迁徙而不易沉降累积在湾底。养殖海域的水动力学特性在很大程度上决定着养殖活动对环境的影响状况。通常水交换好的区域,养殖生物的代谢产物扩散的区域大,被输运到养殖区外的几率高。Chamberlain 等,(2001)研究发现,在爱尔兰的西北部水动力学特性不同区域,养殖贻贝(*Mytilus edulis* L.)对底栖生物群落的压力存在显著性的差异。

(3)贝藻多元生态养殖模式。研究发现,适宜的养殖模式可以显著降低贝类养殖对环境的压力(Kaiser 等,1998)。Mallet 等(2006)报道了贝类养殖对环境的压力程度与养殖规模、养殖方法以及养殖海域的物理特性密切相关。养殖的大型藻类能够吸收贝类释放到水体中的营养盐,在转化为藻类自身生物量的同时,还通过光合作用产生释放氧气,可以支持底栖生物的氧气需求,缓解由于有机质的累积所增加的氧气消耗及由此导致的硫化物的富集,进而发挥了对养殖环境的生物修复和生态调控功能。桑沟湾经过 20 多年的大规模贝藻养殖,沉积物环境依然良好,也显示了贝藻多元生态养殖模式是一种可持续发展的养殖模式。

本研究的结果显示,MOM 系统可能是评估养殖对底质环境压力的非常有效的工具,通过系统的、定期的监测底质环境,可以弄清养殖场及邻近区域底质环境变化的总体趋势,而且能够及时了解底质环境参数对养殖活动的响应,以便及时发现和纠正不良的养殖活动。MOM 系统具有操作简便、检测成本低等特点,一般的工作人员经培训后就可以掌握。当然,应该看到不同的海域沉积物的颜色可能存在差异,比如在桑沟湾,有的站位沉积物的颜色为棕褐色,在 MOM-B 系统中,没有这种颜色的打分标准。另外,MOM 系统在确定底质环境条件时根据的是挪威的国家标准,将底质条件分为 4 级,第 4 级为不可接受状态。如果底质环境达到第 4 级,网箱养鱼活动将被停止。我们今后将根据我国海域的环境特点和海水、底质环境标准对 MOM-B 系统的有关参数进行修改,以建立适用于我国海域特点的评估技术体系。

(二)筏式养鲍对沉积环境的压力

桑沟湾皱纹盘鲍(*Haliotis Discus Hannai*)筏式养殖情况如下:筏架长 100 m,筏间距 5 m,4 排筏架称为 1 养殖亩(1.92"实测亩")。100 m 长的筏架上,悬挂

30 个鲍笼。大盘方形养殖笼分 4 层,笼身总高 600 mm;鲍的规格为 2.5～3 cm,每笼养殖 410 个,根据鲍的生长情况,进行分笼。4 月底,鲍从南方运回,开始养殖,养殖方式采用与海带间养,在平挂养殖的海带中间,悬挂鲍养殖笼。海带的养殖从 11 月至次年 6 月,8 月至 10 月期间,鲍区没有养殖的海带。在鲍养殖亩内(筏架长 100 m,筏间距 5 m,共计 20 排筏架)设置调查站位 10 个(37°08′30″～37°08′48″N,122°31′12″～122°32′12″E)(图 2-40)。

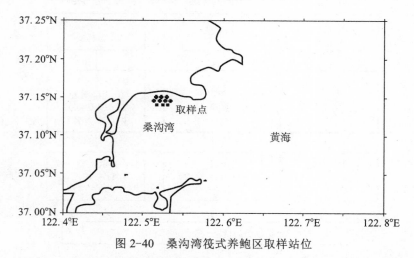

图 2-40 桑沟湾筏式养鲍区取样站位

分别于 2010 年的 5、7、8 和 10 月,用 van Veen grab(250 cm²)抓斗式采泥器获取鲍区的沉积物底泥,每个站位至少取 2 个平行样,测定的参数包括生物参数(观察大型底栖动物的有、无)、化学参数(沉积物的 pH 和氧化还原电位)和感官参数(包括沉积物的颜色、气味、有无气泡、黏稠度、淤泥厚度等)。

MOM-B 沉积环境评价系统包括 3 个部分:生物指标组(Group 1)、化学指标组(Group 2)和感官指标组(Group 3)。MOM-B 的评价规则见图 2-41,将各种参数指标数字化,分数越低,底质环境条件越好(Hansen et al.,2001)。

1. 生物指标组评价

根据大型底栖动物的存在与否来判定底质环境条件是否为可接受的,沉积物中有大型底栖动物,记为 0 分,认为底质环境条件是可接受的;如果沉积物中没有大型底栖动物,记为 1 分,判定底质环境条件为不可接受。利用化学参数和沉积物的感官参数对可接受的底质环境进一步分级,以判定底质环境的等级。研究结果显示,寻山鲍区的底质以黏土质粉沙为主。在所有的沉积物样品中都发现了大型底栖动物。主要优势种为多毛类,如 *Tharvx multifilis*(Moor),*Lumbrineris longiforlia*（Imajima et Higuchi），*Amaeana occidentalis*（Hartman）和 *Cirratulus sp.*。

2. 化学指标组评价

根据 pH 与 Eh 之间的关系，将涵盖的不同区域数字化为 0、1、2、3 和 5。pH 与 Eh 的评分规则见图 2-41，图 2-42。根据现场测定的 pH 和 Eh 结果，来确定得分情况。

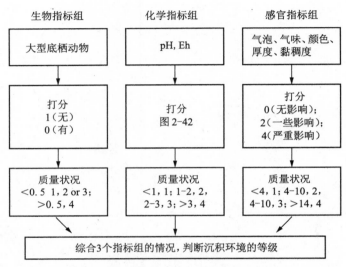

图 2-41　MOM-B 的组成及评分规则

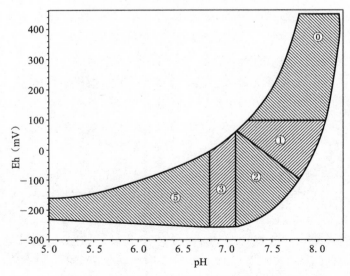

图 2-42　MOM-B 第 2 组化学参数的评分规则

现场测定表层沉积物的 pH 和 Eh，根据底泥的温度校正后的结果见表 2-10。所有样品的 pH 都不低于 7.0，10 月沉积物的 pH 较低，介于 7.0～7.3 范围内；8 月的 Eh 值较低，都为负值，位于 −220～115 mv 范围内。

表 2-10　桑沟湾不同季节各调查站位沉积物的 pH 和氧化还原电位（Eh）

季节	5 月		7 月		8 月		10 月	
	pH	Eh	pH	Eh	pH	Eh	pH	Eh
1	7.4±0.2	64±9	7.3±0.2	−43±12	7.3±0.1	−142±34		
2	7.4±0.09	66±12	7.3±0.1	34±6	7.3±0.2	−152±21	7.1±0.09	−135±26
3	7.5±0.1	8±3	7.2±0.1	91±21	7.4±0.3	−155±43	7.3±0.2	112±8
4	7.5±0.3	61±24	7.1±0.06	124±18	7.4±0.3	−167±44	7.1±0.06	−109±17
5	7.2±0.1	73±16	7.3±0.2	119±34				
6	7.5±0.1	74±12	7.3±0.2	118±11	7.3±0.2	−165±34	7.1±0.05	−109±15
7	7.4±0.2	−34±3	7.2±0.04	121±9	7.2±0.1	−127±12	7.1±0.1	−166±29
8	7.5±0.1	96±22	7.2±0.1	106±22	7.3±0.2	−174±46	7.0±0.03	−109±18
9	7.6±0.3	99±16	7.2±0.2	116±42	7.4±0.08	−134±9	7.2±0.1	71±26
10	7.4±0.09	68±25	7.1±0.1	111±23	7.4±0.2	−134±24		

3. 感官指标组评价

根据规则标准进行数字化，分为 0、1、2 和 4。沉积物被有机质污染得越严重，得分就越高。综合以上 3 组的数据来判断底质的环境状况。沉积环境的质量分为 4 个等级，1 级为优良，可以 2 年进行一次环境监测；2 级为良好，应每年进行一次环境监测；3 级为及格，需要加强环境监测，每半年一次；4 级为不可接受，应停止养殖活动，进行环境修复。

结果显示，所取得的沉积物样品都无气泡产生、无臭味及硫化氢气味。其他感官参数见表 2-11。

表 2-11 感官指标组各项参数的监测结果

月　份	参数	1	2	3	4	5	6	7	8	9	10
5月	颜色	黄	黄	黄	灰	黄	灰	黄	灰	黄	黄
	黏稠	较软	硬	较软	较软	较软	较软	硬	较软	较软	硬
	体积	少	少	较少	较少	少	少	较少	较少	少	少
	厚度	薄	较薄1	较薄	薄	较薄	较薄	薄	薄	薄	薄
7月	颜色	黄	黄	黄	灰	黄	灰	黄	灰	黄	褐
	黏稠	硬	硬	硬	硬	硬	硬	硬	硬	硬	硬
	体积	少	较少	较少	较少	少	少	较少	较少	少	少
	厚度	薄	较薄	薄	薄	较薄	较薄	薄	薄	薄	薄
8月	颜色	黄	褐	灰	灰		灰	黄	灰	黄	褐
	黏稠	较软	较软	硬	硬		较软	较软	较软	较软	硬
	体积	较少少	较少	较少	较少		少	较少	较少	少	少
	厚度	薄	较薄	较薄	薄		较薄	薄	较薄	薄	薄
10月	颜色		褐	灰	灰		灰	黄	灰	黄	
	黏稠		硬	较软	硬		硬	较软	较软	较软	
	体积		较少	少	较少		少	较少	较少	较少	
	厚度		较薄	较薄	较薄		较薄	薄	较薄	薄	

4. MOM-B 综合评价

根据生物指标组的监测结果,各站位都有大型底栖生物存在,得分为0,可以判断所调查的各站位的底质条件都处于可接受的第4等级。因此,将以化学指标组和感官指标组来进一步进行等级评价。

根据图 2-41 的打分规则,计算出化学指标组的得分情况(表 2-12)。5月和7月的分数低,沉积物状态属1级;8月和10月的得分介于1.1和2.1之间,沉积物状态属2级。

表 2-12 化学指标组的得分结果

月　份	参　数	1	2	3	4	5	6	7	8	9	10	平均值	等　级
5月	得分	1	1	1	1	1	1	2	1	1	1		
	等级	1	1	1	1	1	1	2	1	1	1	1.1	1

续表

月　份	参　数	1	2	3	4	5	6	7	8	9	10	平均值	等　级
7月	得分	2	1	1	0	0	1	1	1	1	1		
	等级	2	1	1	1	1	1	1	1	1	1	1.1	1
8月	得分	2		2	2		2	2	2	2	2		
	等级	2		2	2		2	2	2	2	2	2.0	2
10月	得分		2	0	2		2	3	2	1			
	等级		2	1	2		2	3	2			1.8	2

感官指标组的得分情况见表 2-13。整体来讲，各月文本较低，7月的平均分只有 2 分，10月的平均分最高，为 4.6 分。关于各调查站位，最高分出现在 8 月的 2 号站位，得 8 分。感官指标组的评价结果与化学指标组的评价结果相一致，都是 5 月和 7 月为 1 级，8 月和 10 月为 2 级。

表 2-13　感官指标组的得分情况

月　份	参　数	1	2	3	4	5	6	7	8	9	10	平均值	等　级
5月	得分	3	3	7	4	5	4	3	4	3	1	3.7±1.6	
	等级	1	1	2	2	2	2	1	2	1	1		1
7月	得分	1	5	3	2	1	3	1	1	1	0	2.0±1.5	
	等级	1	2	1	1	1	1	1	1	1	1		1
8月	得分	5	8	4	2		4	5	6	2	2	4.5±2.0	
	等级	2	2	2	1		2	2	2	1	1		2
10月	得分		6	4	4		2	5	6	5		4.6±1.4	
	等级		2	2	2		1	2	2	2			2

通过对化学指标组和感官指标组的得分情况进行综合分析评价，可以得出桑沟湾筏式养鲍区的沉积环境质量整体状态良好，无有机物污染或污染状况较轻。其中，5月和7月处于1级，状态优良；8月和10月处于2级，状态良好。

尽管筏式养鲍是一种投饵型的养殖方式，但是，4个航次的调查结果显示，鲍养殖区的沉积环境状况良好，处于1级或2级的等级，尚未受到有机污染或污染较轻。筏式养鲍以新鲜或盐渍的海藻作为饵料，同网箱养鱼的饵料相比（通常为冰鲜小杂鱼、加工的鱼糜、研制的配合饲料），有机物及蛋白质的含量较低，有机污染较轻。据报道，每生产 1 t 鲑鱼产生 52 kg/yr～78 kg/yrN（Folke et al，1994）；据估计，每生产 1 t 虹鳟鱼将产生 150～300 kg 的残饵，约占投饵量的 1/3，产生 250～300 kg 的粪便（Phillips et al，1985）。再者，鲍养殖笼的孔径较小，残饵不易流失，养殖者 3～5 天投饵 1 次，同时收集、清除残饵；另外，鲍的生长速度缓慢，需要的饵料量少，鲍的生物性沉积物数量也比网箱养鱼的少。以上的多种原因，使得筏式养鲍对沉积环境的有机污染较轻。

　　pH 的高低反映了介质酸碱性的强弱，Eh 则是铂片电极相对于标准氢电极的氧化还原电位，表征介质氧化性或还原性的相对程度。在海洋沉积物中，这两个参数反映了沉积环境的综合性指标，氧化还原电位通常受沉积物中有机质含量及其分解过程中的耗氧量等影响。据报道，沉积环境的 Eh 值与有机物含量成反比（Miron et al，2005），与有机质分解时大量耗氧，使得沉积环境由氧化性向还原性转变有关（Christensen et al，2003）。鲍区的 pH 位于 7.0～7.4，总体上表现为中性 - 弱碱性环境。尽管筏式养鲍对沉积环境的有机污染较轻，需要特别指出的是，8 月和 10 月的 Eh 值都为负值，说明表层沉积物均已处于还原环境中。鲍区的 Eh 值低于桑沟湾的滤食性贝类养殖区和海带养殖区（Zhang et al，2009），也低于其他滤食性贝类养殖的海湾（辛福言等，2004）。北方筏式养鲍从 4 月底或 5 月初水温回升到 7 ℃～8 ℃时开始，持续到 11 月中旬，当水温较低时，运往南方海域越冬。从监测的结果显示，随着养殖活动的持续，从 5 月至 10 月，沉积环境的状态从 1 级向 2 级发展，应给予关注。根据 MOM-B 的评价结果，为了更好地掌握鲍筏式养殖对环境的压力，建立筏式养鲍的管理技术体系，应对鲍区进行每年一次的环境监测评估。从本研究的结果来看，最好是在 8～10 月开展调查，以便反映鲍对沉积环境的最大可能压力。

第三章

海水养殖生态系统服务识别与评估

第一节　海水养殖生态系统服务识别

一、海水养殖生态系统服务的定义

海水养殖生态系统及其服务的定义是以生态系统和生态系统服务的概念为基础的,所以首先要对生态系统和生态系统服务的概念进行研究。

生态系统是生物圈中最基本的组织单元,也是其中最为活跃的部分。生态系统不仅为人类提供各种商品,同时在维系生命的支持系统和环境的动态平衡方面起着不可取代的重要作用。20世纪三四十年代,Tansley提出了生态系统(Ecosystem)的概念,这是生态学发展过程中一件令人瞩目的大事。他认为,"生态系统的基本概念是物理学上使用的'系统'整体。这个系统不仅包括有机复合体,而且包括形成环境的整个物理因子复合体"。"我们对生物体的基本看法是,必须从根本上认识到,有机体不能与它们的环境分开,而是与它们的环境形成一个自然系统。""这种系统是地球表面上自然界的基本单位,它们有各种大小和种类。"因此这个术语的产生,主要在于强调一定地域中各种生物相互之间、它们与环境之间的功能上的统一性。继Tansley后,有很多的学者对生态系统的概念进行了研究,提出了不同的见解。应用最广泛的是《生物多样性公约》中提出的概念,即生态系统是由植物、动物以及微生物群体与其周围的无机环境相互作用形成的一个动态、复杂的功能单位(United Nations, 1992)。此概念综合了几十年来学术界关于生态系统的研究成果,而且对于生态系统的管理非常实用。

结合生态系统服务的内涵,海水养殖系统生态服务可被定义为:在海水养殖过程中生态系统与生态过程所形成及所维持人类赖以生存的自然环境条件与效用,是指通过养殖活动,养殖生物及其环境直接或间接产生的产品和服务。它来源于养殖系统内部养殖生物、物理、化学组分之间的相互作用过程,其价值的大小取决于养殖规模大小、作用性质和该养殖系统所处的人类社会经济环境。当各组成成分之间相互作用产生产品和服务时，其经济价值将以当地市场价值表达出来。养殖生物的活动受养殖系统水环境、生源要素和沉积物等多种条件控制，养殖生物的生命活动对养殖系统的水环境和生源要素等又有反馈作用，这些因子间的相互作用产生了养殖生态系统的产品和服务价值。

二、海水养殖生态系统服务的识别和分类

海水养殖生态系统作为海洋生态系统的一个特殊类型，是人类为了获取更大生态服务功能而干预下产生的自然—社会—经济复合生态系统，具有生物结构简单、物质能量循环受阻、自我调控能力差、受人类活动干扰强烈等特点，这决定了该生态系统的结构、功能更易受到干扰，其服务价值也更易被改变。海水养殖生态系统作为人类重要的食物来源，在为人类提供食物供给等可通过市场予以观察的生态服务的同时，也提供了调节气候、净化水质等一系列市场上无法观测的其他生态服务。由于这些生态服务的价值未能被市场所表达，人类往往忽视这种价值的存在，结果导致了对该系统的过度开发和使用，严重影响了其可持续性。因此，科学地识别和评估海水养殖生态系统的服务价值，正确引导人们的行为和决策已成为了经济学、环境学、生态学等相关领域科学工作者的重要任务。

（一）海水养殖生态系统服务分类

关于生态系统服务的分类有大量的研究文献（De Groot, 1992; Costanza et al, 1997; WRI, 2003; Norberg, 1999; De Groot et al, 2002）。不同学者根据不同的分类方法（功能性分组、结构性分组和描述性分组）对生态系统服务进行了不同的分组和分类。生态系统服务分类体系经历了从描述生态系统服务的特征、到用于价值评估、再到和人类福利紧密相连的发展过程。代表性的分类有：Costanza 等（1997）将生态系统服务分为 17 类，这是目前最有影响的生态系统服务分类体系；千年生态系统评估（Millennium Ecosystem Assessment, MA）（UNDP, 2005）中将生态系统服务分为调节服务、供给服务、文化服务和支持服务，并对不同类型的服务进行了量化；De Groot 等人（2002）在总结已有的关于生态系统服务分类研究成果的基础上，提出了一个有用的分类系统，他们首先描述了四大生态系统功能：调节功能、生境功能、生产功能和信息功能，在这四大类功能中包含了 23 个子功能。不难看出，研究者对生态系统服务的分类有比较大的差别，主要体现在对功能和服务概念理解的差异以及对服务／功能分组的差异。尽管存在以上不同，

但可以发现,他们对生态系统服务的识别具有相当的一致性,所列出的生态系统服务种类非常相似。

结合海水养殖生态系统的特点,借鉴 Costanza 和千年生态系统评估对生态系统服务的分类,可将海水养殖系统的服务归为四大类:供给服务(养殖系统向人类提供海产品等的能力,在经济学上称之为直接利用价值)、调节服务(养殖系统实际支持或潜在支持和保护自然生态系统与生态过程、支持和保护人类活动与生命财产的能力,经济学上称之为间接利用价值,如气候调节、净化水质、空气质量调节、疾病控制等)、文化服务(养殖系统所具有的非功能、非用途性质的特征,它既不产生实质性的服务,也不提供产品,只提供人类心理上的某个方面,如科研、美学和生物多样性等特征)和支持服务(支持和产生所有其他生态系统服务的基础服务,如生物多样性维持)。服务分类体系见图 3-1。

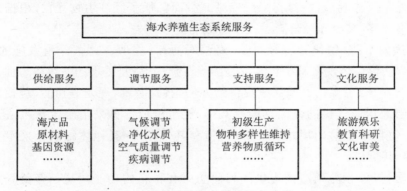

图 3-1　海水养殖生态系统服务分类

(二)海水养殖生态系统服务的主要类型描述及评估技术

物质生产:指从生态系统中收获的养殖产品,包括了食品供给、原材料供给与基因资源 3 种服务,采用市场价格法计算其价值。

气体调节:指从生态系统过程的调节作用当中获得的收益,包括养殖生物对温室气体的吸收和氧气的释放两种服务,如养殖生物通过滤食活动(如贝类等)对 CO_2 的固定与沉降,或通过光合作用(如海带等)释放 O_2。以浮游植物和大型藻的初级生产力测定数据为基础,根据光合反应方程计算,固定 CO_2 的价值用瑞典政府建议的碳税法进行估算,氧气的价值采用工业制氧的价格估算。

水质净化:指养殖生物对各种进入生态系统的有害物质进行分解还原、转化转移以及吸收降解等,从而起到了处理废弃物与净化水质的作用。采用影子价格法,根据污水处理厂合流污水的处理成本计算。

物质循环:指养殖生物在整个生命周期过程中所需物质的不断的形式转化及流转的过程,包括 N、P 等营养物质的循环及水循环等,这将为生态系统正常运转提供能量和物质,为其他服务功能提供支持。它们的价值体现在其他服务价值中,人类不直接利用,因此,一般不再计算这两项服务的价值量,以免重复,但是这 2 项服务功能可进行物质量评估。

生物多样性:指由近海养殖生态系统产生并维持的遗传多样性、物种多样性与系统多样性,可通过计算不同养殖模式下海区浮游生物的物种多样性指数来衡量此项服务。

生物控制:海洋生态系统生物控制功能相当复杂,主要考虑养殖贝类等对赤潮生物的控制作用。对于控制赤潮生物的价值,包括 3 部分:减少赤潮面积,根据国内外杀灭赤潮单位费用计算;赤潮减少而降低了经济生物死亡,根据水产品市场价格计算;减少赤潮毒素对人体造成的健康损失。

干扰调节:养殖筏架减轻风暴、海浪对海岸、堤坝、池塘、养殖设施的破坏。干扰调节的价值体现在减少风暴灾害的经济损失、修复堤坝的费用等方面。

休闲娱乐:主要指养殖系统提供给人们垂钓、游玩、观光等功能,包括旅游功能和为当地居民提供的休闲功能。其中,旅游价值部分采用旅游费用法进行评价,其价值包括旅游费用、旅游时间价值和其他花费;其他休闲娱乐采用支付意愿法估算其价值。

科研价值:指养殖海区提供的科研场所和材料的功能。某一养殖海区的科研价值体现在该海区实施的科研课题数量和在该海区取得的科研成果数量。科研价值主要考虑以下 2 个方面:① 在该区域开展调查研究的科研课题经费和已发表的科研成果;② 在该区域取得的科研成果推广应用后产生的经济效益。

(三)核心服务

进行生态系统服务的价值评估时常出现两种情况:一是不切实际地追求全面导致相关价值被高估;二是盲目减少要评估的功能,使评估结果难以全面反映该生态系统服务的价值。因此,必须对生态系统的全部服务进行合理取舍,选择关键因子或关键生态过程,明确其核心服务。生态系统的核心服务是指:在某个生态系统内,某项服务是由该生态系统关键因子或关键生物地球化学循环过程提供和创造的,且在自然、社会、环境中发挥的作用远远超过其他生态系统提供的该项服务在自然、社会、环境中发挥的作用,从经济角度出发,该功能效用边界必须明确、清晰,以利于进行价值确定;从社会角度出发,该功能必须对人类生活和文化发展具有重大影响(刘向华,2007)。

　　海水养殖作为近岸最重要的人类活动之一,以提供海产品为主要目标。其中养殖的大型藻类作为重要的初级生产者,不仅能通过光合作用吸收固定水体的C、N、P等营养物质,并转化为具有较高价值的产品,还能增加水体溶解氧、净化水质;同时,贝类和藻类的养殖活动也直接或间接地使用了大量的海洋碳,提高了浅海生态系统吸收大气 CO_2 的能力(张继红等,2005)。因此,本研究选物质生产、水质净化、气候调节和空气质量调节作为海水养殖生态系统的核心服务进行评估。

第二节　不同养殖模式下桑沟湾养殖系统核心服务价值评估

　　针对养殖生态系统的核心服务,建立相应的货币化计算公式,分别估算不同养殖模式下养殖系统有正面效应和负面影响的服务的价值。估算所用数据和资料均采用资料搜集和实地调查相结合的方式,其中所用的理论方法多借鉴、参考已发表的文献资料。文中所使用数据均来源于中国渔业统计年鉴、荣成市海洋与渔业局渔业生产经营情况表以及荣成市周边养殖公司和养殖户提供的生产经营数据以及其他科学研究文献。数据资料类型包括统计资料、调研报告和正式出版物等,同时通过实地调研获得桑沟湾养殖海域的第一手的资料,对查获的数据进行补充矫正。本研究所用参数均以下种类为主:海带(*Laminaria japonica*)、栉孔扇贝(*Chlamys farreri*)、太平洋牡蛎(*Grassastrea gigas*)、皱纹盘鲍(*Haliotis discus hannai Ino*)和刺参(*Apostichopus japonicus*),参数不全的,则参考其他相关种类。所用参数均为平均值,因为相关数据多在不同温度(如春、夏、秋、冬)、体长、体重、生长期(如一龄、二龄、三龄等)下测得,有些数据是其原文作者取了平均值,有些是本研究根据参考文献数据取了平均值。在山东沿海生产单位"养殖亩"实际占用水面大于"实际亩";在桑沟湾,每亩4台架,4条符埕,每条符埕80 m,每绳间隔4 m,1"养殖亩"实际占用水面1.92"实测亩",因此,为了统一所使用的单位,本文中将"养殖亩"一律换算成"公顷"(ha)。

一、物质生产

　　物质生产指从生态系统中收获的产品或物质,包括食品供给、原材料供给与基因资源3种服务。通过调查和采访,采用市场价值法,即对有市场价格的生态

系统产品和功能进行估价的一种方法,对养殖生态系统物质产品进行评估。物质主要是养殖海区的海产品。运用公式(1):

$$V = \sum B_i \times P_i - Q_成 \tag{1}$$

其中,V 为不同养殖模式下物质产品的总价值,B_i 为第 i 类产品的产量,P_i 为第 i 类产品的价格,Q 为投入的成本(包括生产物质的物资成本投入、人力成本投入以及其他成本投入)。

根据各养殖品种的售价和生产成本,分别计算不同养殖模式下桑沟湾养殖系统的物质生产价值。这里,生态系统服务只考虑第一次交易获得的效益,而不考虑再次获益或第二次交易的增加值;价格也只考虑第一次交易时的价格,流通领域内产生的增加价值不计入本价值之内;成本只考虑生产成本,而不考虑销售成本和流通成本。采用市场价值法,估算得出 2007 年桑沟湾不同养殖模式下系统的物质生产价值,见表 3-1。

结果表明,不同养殖模式下系统的物质生产价值分别为:单养海带 4.92×10^4 元 / 年·公顷、单养扇贝模式 3.14×10^4 元 / 年·公顷、单养牡蛎 2.5×10^4 元 / 年·公顷、扇贝与海带混养 5.93×10^4 元 / 年·公顷、牡蛎与海带混养 5.27×10^4 元 / 年·公顷、海带与鲍混养 3.26×10^5 元 / 年·公顷、海带 + 鲍 + 刺参多营养层次综合养殖 4.84×10^5 元 / 年·公顷。其中,物质生产服务价值:模式 7 > 模式 6 > 模式 4 > 模式 5 > 模式 1 > 模式 2 > 模式 3;养殖成本:模式 6 > 模式 7 > 模式 5 > 模式 4 > 模式 1 > 模式 3 > 模式 2;市场收入:模式 7 > 模式 6 > 模式 4 > 模式 5 > 模式 1 > 模式 3 > 模式 2。

表 3-1 不同养殖模式下的物质生产价值

养殖模式	养殖种类	单位面积产量(千克/(年·公顷))	市场价格(元/千克)	收入(元/(年·公顷))	成本(元/(年·公顷))	服务价值(元/(年·公顷))
模式 1	海带	14 063	6	84 375	35 156	49 219
模式 2	扇贝	9 375	4.6	43 125	11 719	31 406
模式 3	牡蛎	62 500	0.7	43 750	18 750	25 000
模式 4	海带	11 719	6	70 313	31 641	38 672
	扇贝	5 625	4.6	25 875	5 273	20 602
小计				96 188	36 914	59 273

续表

养殖模式	养殖种类	单位面积产量（千克/（年·公顷））	市场价格（元/千克）	收入（元/（年·公顷））	成本（元/（年·公顷））	服务价值（元/（年·公顷））
模式 5	海带	11 719	6	70 313	31 641	38 672
	牡蛎	35 156	0.7	24 609	10 547	14 063
小计				94 922	42 188	52 734
模式 6	海带	15 625	6	0	37 969	0
	鲍	9 015	200	901 442	537 921	363 522
小计				901 442	575 889	325 553
模式 7	海带	15 625	6	0	4	0
	鲍	8 654	200	865 384	482 716	382 668
	刺参	1 875	120	112 500	11 250	106 250
小计				977 884	493 966	483 918

注：养殖产量主要参考荣成市海洋渔业部门的生产经营情况表和对桑沟湾周边养殖企业的调查数据；价格和成本来自于对桑沟湾周边养殖企业的调查数据，此价格为到养殖场的收购价格，成本指生产成本，包括苗成本、养殖设施成本、管理成本；"0"表示这两种养殖模式是以养鲍为主，养殖的海带主要作为鲍的鲜活饲料，其收益和物质生产价值不计入内。

二、水质净化

水质净化主要是由系统中的多种生态过程参与并完成的，对各种进入生态系统的有害物质进行分解还原、转化转移以及吸收降解等，从而起到了处理废弃物与净化水质的作用。

主要估算养殖生物在整个养殖周期对废弃物与水质的清洁和处理能力以及其对水质的污染。由于污染物种类繁多、形态各异，本研究仅考虑对 N、P 的生物净化调节服务。通过对各种养殖生物的收获，可以达到对 N、P 的移除效果。大型藻类对 N、P 的移除效应，主要依据 N 和 P 在藻类组织内的比例来计算，海带内 TN、TP 含量分别为 1.63% 和 0.379%（周毅等，2002）；而养殖贝类或其他生物对 N、P 的移除效应，则主要通过其体内的蛋白质含量或不同组织中 N、P 含量来计算。同时，贝类等养殖生物在养殖过程中也释放很多 N、P 到环境中，主要通过养殖生物排氨量和排磷量来估算，具体取值见表 4-1。

采用影子价格法,根据污水处理厂生活污水的处理成本计算其价值,应用公式(2):

$$E_t = (T_j - N_j) \times P_j \tag{2}$$

其中,E_t 为不同养殖模式下系统净化氮、磷的价值,P_j 为污水处理厂1吨水处置费用,T_j 为养殖生物去除氮、磷的量,N_j 为养殖生物排氨、排磷量。

按生活污水处理成本氮为 1.5 元/千克、磷为 2.5 元/千克进行估算(赵同谦等 2003),得出 2007 年桑沟湾不同养殖模式下系统的水质净化价值(表 3-2)分别为:单养海带 4.28×10^2 元/(年·公顷)、单养扇贝 73.54 元/(年·公顷)、单养牡蛎 -4.2×10^2 元/(年·公顷)、扇贝与海带混养 4.01×10^2 元/(年·公顷)、牡蛎与海带混养 1.20×10^2 元/(年·公顷)、海带与鲍混养 2.27×10^3 元/(年·公顷)、海带 + 鲍 + 刺参多营养层次综合养殖 2.29×10^3 元/(年·公顷)。其中,水质净化功能价值:模式 7 > 模式 6 > 模式 1 > 模式 4 > 模式 5 > 模式 2 > 模式 3;净化水质正效应:模式 7 > 模式 6 > 模式 4 > 模式 2 > 模式 5 > 模式 1 > 模式 3;净化水质负效应:模式 2 > 模式 3 > 模式 4 > 模式 5 > 模式 7 > 模式 6 > 模式 1。

表 3-2 不同养殖模式下水质净化服务价值

养殖模式	移除的 TN 量 （千克/ （年·公顷））	释放的 TN 量 （千克/ （年·公顷））	移除的 TP 量 （千克/ （年·公顷））	释放的 TP 量 （千克/ （年·公顷））	服务价值 （元/（年·公顷））		
					正效应	负效应	总价值
模式 1	231.631 6	0	53.296 9	0	428.24	0	428.24
模式 2	567.951 6	522.759 8	/	1.608 2	851.93	778.39	73.54
模式 3	120.865 3	405.517 3	/	0.199 9	181.3	602.24	−420.94
模式 4	533.797 4	313.655 9	44.414 1	0.965	868.02	467.04	400.99
模式 5	261.013 1	228.103 4	44.414 1	0.112 4	458.84	338.75	120.08
模式 6	1 457.52	0.985 8	59.218 8	/	2 276.04	1.463 8	2 274.58
模式 7	1 457.14	0.965 8	61.845 7	0.000 2	2 295.24	1.492 4	2 293.75

注:"/"表示无数据;"−"表示亏损。

三、气候调节

气候调节指系统通过吸收温室气体(CO_2 等)减缓了温室效应。气候调节服务主要来自对温室气体 CO_2 的固定,其他温室气体由于没有数据支持,在此忽略。

不同养殖模式下桑沟湾养殖生物固定 CO_2 气体主要有 3 个来源：一是养殖藻类（如海带等）通过光合作用将溶解的无机碳转化为有机碳，从而固定 CO_2。可以根据养殖藻类的产量（干物质量）计算出其固定的碳数量，光合作用方程式为：$6CO_2 + 6H_2O \Longrightarrow C_6H_{12}O_6 + 6O_2$。根据光合反应方程，每生产 1 g 干物质需要吸收 1.63 g 的 CO_2，并同时产生 1.2 g 的 O_2。通过收获养殖的藻类可以将这些被固定了的碳从海水中移除。二是养殖贝类通过摄食浮游藻类和颗粒有机碳，从而转化并固定碳，同时通过直接吸收海水中碳酸氢根（HCO_3^-）形成碳酸钙贝壳（$CaCO_3$），其反应方程为：$Ca^{2+} + 2HCO_3^- \Longrightarrow CaCO_3 + CO_2 + H_2O$。每形成 1 mol 的碳酸钙，会释放 1 mol CO_2 的，同时可以吸收 2 mol 的碳酸氢根，固定的这部分碳将会随着养殖贝类的收获而从系统中移出（张继红等，2005）。所以，根据养殖贝类软组织和贝壳中碳的含量可进一步估算其对 CO_2 固定的贡献。三是在多营养层次综合养殖模式中，沉积性食物动物通过摄食滤食性贝类的沉积物而固定部分碳，根据摄食沉积物中碳含量来估算。

目前国际上计算固定 CO_2 价值的方法主要有碳税法和造林成本法。造林成本法的标准是依据我国的造林成本来定的，即 260.9 元/吨碳；碳税法，是一种由多个国家制定的旨在削减温室气体排放的税收制度，就是对 CO_2 的排放进行收费来确定 CO_2 排放损失价值的方法，1997 年《京都协议书》预计工业化国家减排 CO_2 的开支为 150～600$/吨碳（陈泮勤等 2004）。目前国际上有多种不同的碳税率，如欧洲一些国家已经实行的碳税率达 170$/吨碳，挪威政府的碳税为 227$/吨碳，国际上通常采用瑞典的碳税率 150$/吨碳，折合人民币 1 096 元/吨碳（按 2007 年 12 月的中间价，1 美元 =7.305 元来计算）。我国的造林成本是 1990 年的不变价格，严格偏低，本研究用两种方法估算后取其平均值，这样既便于比较也更符合中国的国情。估算得出 2007 年桑沟湾不同养殖模式下系统的气候调节价值见表 3-3。

表 3-3 不同养殖模式下气候调节服务价值

养殖模式	固定和移除的 C 量（千克/（年·公顷））	释放的 CO_2 量（千克/（年·公顷））	服务价值（元/（年·公顷））				
			正效应		负效应		总价值
			造林法	碳税法	造林法	碳税法	平均值
模式 1	4 387.5	0	1 156.75	4 859.32	0	0	3 008.04
模式 2	906.86	28.379 5	239.09	1 004.38	7.407	31.103 9	602.48
模式 3	4 907.76	26.535 3	1 293.91	5 435.50	6.925 7	29.082 7	3 346.71

养殖模式	固定和移除的C量(千克/(年·公顷))	释放的CO_2量(千克/(年·公顷))	服务价值(元/(年·公顷))				
			正效应		负效应		总价值
			造林法	碳税法	造林法	碳税法	平均值
模式4	4 200.37	17.027 6	1 107.41	4 652.06	4.444 2	18.662 2	2 868.18
模式5	6 416.86	14.926 2	1 691.78	7 106.91	3.895 7	16.359 1	4 389.22
模式6	12 311.9	40.689 9	3 245.99	13 635.88	10.620 1	44.596 1	8 413.33
模式7	12 528.52	39.396 7	3 303.1	13 875.79	10.282 5	43.178 8	8 562.71

2007 年桑沟湾不同养殖模式下系统的气候调节价值分别为：单养海带 3.01×10^3 元/(年·公顷)、单养扇贝 6.02×10^3 元/(年·公顷)、单养牡蛎 3.35×10^3 元/(年·公顷)、扇贝与海带混养 2.87×10^3 元/(年·公顷)、牡蛎与海带混养 4.39×10^3 元/(年·公顷)、海带与鲍混养 8.41×10^3 元/(年·公顷)、海带＋鲍＋刺参多营养层次综合养殖 8.56×10^3 元/(年·公顷)。其中,气候调节功能价值:模式 7 > 模式 6> 模式 5> 模式 3> 模式 4> 模式 1> 模式 2;气候调节正效应:模式 7 > 模式 6> 模式 5> 模式 3> 模式 4> 模式 1> 模式 2;气候调节负效应:模式 6 > 模式 7> 模式 2> 模式 3> 模式 4> 模式 5> 模式 1。

四、空气质量调节

空气质量调节指桑沟湾养殖生物通过光合作用或呼吸作用释放或消耗氧气,进而调节空气质量。其正效应主要来源于以下两个方面:一是对有益气体的释放:根据数据的可获得性,仅计算不同养殖模式下养殖藻类在光合作用过程中释放的氧气贡献,以初级生产力为基础,根据光合反应房产计算氧气生产量,氧气价值采用工业制氧的价格计算;二是对有害气体的吸收:由于对 H_2S、SO_2 等有害气体吸收没有资料,故在此忽略。而养殖贝类或滤食性动物通过呼吸作用消耗氧气则被记为负效应,耗氧率的取值见表 3-4。

按工业制氧影子价格法来估算,影子价格是某种资源每增加一个单位,会给企业带来边际贡献,也就是为了增加某种资源,管理者愿意支付的最高代价。工业制氧价格为 400 元/吨(石洪华等,2008)。根据物质生产量就可估算出系统的产氧价值。应用公式(3):

$$V = (Ro - Co) \times Po \tag{3}$$

其中,V 为气体调节的总价值,Ro 为释放的氧气量,Co 为消耗的氧气量,Po

为工业制氧价格。

此功能主要是由大型藻类来完成,估算得出 2007 年桑沟湾不同养殖模式下系统的气候调节价值(表 3-4)分别为:单养海带 6.75×10^3 元/(年·公顷)、单养扇贝 -7.88 元/(年·公顷)、单养牡蛎 -7.37 元/(年·公顷)、扇贝与海带混养 5.62×10^3 元/(年·公顷)、牡蛎与海带混养 5.62×10^3 元/(年·公顷)、海带与鲍混养 7.49×10^3 元/(年·公顷)、海带 + 鲍 + 刺参多营养层次综合养殖 7.49×10^3 元/(年·公顷)。其中,空气质量调节功能价值:模式 7 ≈模式 6> 模式 5≈模式 4> 模式 1> 模式 3> 模式 2;空气质量调节正效应:模式 7 ≈模式 6> 模式 5≈模式 4> 模式 1> 模式 3 ≈模式 2;空气质量调节负效应:模式 6 > 模式 7> 模式 2> 模式 3> 模式 4> 模式 5> 模式 1。

表 3-4　不同养殖模式下空气质量调节服务价值

养殖模式	产生的 O_2 量（千克/(年·公顷)）	消耗的 O_2 量（千克/(年·公顷)）	服务价值（元/(年·公顷)）		
			正效应	负效应	总价值
模式 1	16 875	0	6 750	0	6 750
模式 2	0	19.708	0	7.883 2	−7.883 2
模式 3	0	18.427 3	0	7.370 9	−7.370 9
模式 4	14 062.5	11.824 7	5 625	4.729 9	5 620.270 1
模式 5	14 062.5	10.365 4	5 625	4.146 2	5 620.853 8
模式 6	18 750	28.256 9	7 500	11.302 8	7 488.697 2
模式 7	18 750	27.358 8	7 500	10.943 5	7 489.056 5

五、价值汇总

将不同养殖模式下价值进行汇总,结果见表 3-5。

表 3-5　不同养殖模式下价值汇总

养殖模式	正效应总和（元/(年·公顷)）	负效应总和（元/(年·公顷)）	经济效应（元/(年·公顷)）	环境效应（元/(年·公顷)）	总价值（元/(年·公顷)）
模式 1	94 561	35 156	94 500	10 186	59 405
模式 2	44 599	12 524	60 300	668	32 074
模式 3	47 296	19 378	48 000	2 918	27 918

养殖模式	正效应总和（元/（年·公顷））	负效应总和（元/（年·公顷））	经济效应（元/（年·公顷））	环境效应（元/（年·公顷））	总价值（元/（年·公顷））
模式 4	105 560	37 397	113 805	8 889	68 163
模式 5	105 405	42 541	101 250	10 130	62 865
模式 6	919 659	575 929	625 062	18 177	343 730
模式 7	996 269	494 005	929 123	18 346	502 264

结果显示，2007 年桑沟湾不同养殖模式下海区养殖系统的核心服务为人类提供的服务总价值大小顺序为：模式 7> 模式 6> 模式 4> 模式 5> 模式 1> 模式 2> 模式 3；环境效应大小顺序为：模式 7> 模式 6> 模式 5> 模式 1> 模式 4> 模式 3> 模式 2；而经济效应则是：IMTA 模式 > 混养模式 > 单养模式。IMTA 养殖模式所提供的价值远高于单一养殖，服务价值比最高可达 18∶1，可见，以贝藻为主体的多营养层次综合养殖能够更好地彰显水产养殖的生态服务价值。

六、效益-成本分析

效益-成本分析（Benefit-Cost Analysis，BCA）是项目、规划或方案评价中广泛应用的一项技术方法，也是对社会经济活动的收益与成本之间的关系进行分析评价的一种基本方法。使用这种方法对经济活动进行评价，可以更直观和科学地反映某种经济行为可能产生的结果，从而为决策者提供是否实施其经济活动的依据。应用效益-成本分析时，采用的主要指标有：效益费用率（Benefit to Cost Ratio，BCR）、净现值（Net Present Value，NPV）和相对系数（Relative Coefficient，RC）。

对不同养殖模式下海水养殖系统的效益成本分析，是从海水养殖活动的生态功能方面对不同养殖模式下养殖的效益成本进行货币量化分析。根据替代法等生态经济学理论，一方面将海水养殖活动提供的各种功能效益加以货币化分析，另一方面还要对海水养殖投入的各项成本进行核算，把实施经济活动过程中未来所需全部成本（投入）和未来所有收益（产出）折算为净现值（NPV），最终得到海水养殖效益产出与投入费用的效益成本比（BCR）和相对系数（RC），为海水养殖模式的选择、海水养殖结构优化及适宜的管理方案制定提供理论依据。在这里，养殖有正面效应服务，其价值的增加量记为效益（Benefit），表示养殖活动提高的生态系统服务价值；养殖有负面效应的服务，其价值的减少量记为损失（Loss），表示养殖活动减少的生态系统服务价值；养殖活动投入的经济成本记为成本（Cost）；养殖直接获得的市场收入（排除养殖户投入的成本）记为收入（Income）。

在桑沟湾，由于海水养殖的投入和收益是在多个年度内产生的（海带养殖除外），而且其对生态系统服务的影响年限比养殖期长。因此，还要考虑贴现率（r）。

养殖有正面效应的服务价值多年积累（Benefit）等于：

$$Benefit = \sum_{i=1}^{n} Benefit_i / (1 + r)^{i-1}$$

这里，$Benefit_i$ 为某年度的正效益，n 为折现周期（以年计）。

养殖有负面效应的服务价值多年积累（Loss）等于：

$$Loss = \sum_{i=1}^{n} Loss_i / (1 + r)^{i-1}$$

这里，$Loss_i$ 为某年度的负效益，n 为折现周期（以年计）。

养殖投入成本的多年累积（Cost）等于：

$$Loss = \sum_{i=1}^{n} Loss_i / (1 + r)^{i-1}$$

这里，$Cost_i$ 为某年度的养殖成本，n 为养殖成本的折现周期（以年计）。

养殖的市场投入的多年积累（Income）等于：

$$Income = \sum_{i=1}^{n} Income_i / (1 + r)^{i-1}$$

这里，$Income_i$ 为某年度的养殖收入，n 为养殖收入的折现周期（以年计）。基准年度定为2007年，贴现率以当年银行利率计算。对于养殖有正面效应（Benefit）和负面效应的服务价值（Loss），其折现周期（n）根据不同养殖模式下养殖品种的收获年限及其对环境的后效应确定。然而，对于养殖成本（Cost），其折现周期为养殖的最后收获年限。养殖市场收入（Income）的折现周期从养殖产品开始收获有市场收入的年份起计算。

不同养殖模式下系统净现值可用下式表示：

$$NPV = \sum_{t=0}^{n} \frac{B_t - C_t}{(1 - r)^t}$$

其中，NPV 为养殖期间该区域净收益的现值；B_t 为养殖活动实施第 t 年的全部收益或产出；C_t 为养殖活动实施第 t 年的全部成本或投入；r 为贴现率，参照2007年银行定期利率，取4.5%；n 为成本和收益达到预期增长率所需年份；为了消除在养殖活动实施期间价格变动的影响，成本和收益都以基准年价格来表示。

利用上面的公式来评价养殖活动有效性时，B_t 包括所有的收益，C_t 包括所有的成本。当 NPV 大于零时，该养殖活动是有效的；当 NPV 小于零时，养殖活动实施成本大于效益，是无效的。

其中，

$$B_t = \sum (B_i + I_i)$$

$$C_t = \sum (L_i + C_i)$$

这里，B_i、I_i、L_i、C_i 分别指第 i 种养殖模式下系统的正效应、收入、负效应、成本。

不同养殖模式下系统的效益成本比（BCR）可用下式表示：

$$BCR = B_t / C_t$$

当 $BCR \geq 1$，从经济学角度认为养殖效益大于成本；当 BCR<1 时，则相反。

不同养殖模式下系统相对系数（RC）可用下式表示：

$$RC = NVP \times RC$$

RC 越大，说明这种养殖模式越优。

对不同养殖模式下系统的效益–成本大小进行计算和排序，结果见表 3-6。

表 3-6　不同养殖模式下效益成本分析

养殖模式 Aquaculture mode	净现值年 NPV（元/（年·公顷））	效益成本比 BCR	相对系数 RC（元/（年·公顷））
模式 1	56 847	2. 689 7	152 904
模式 2	30 693	3. 561	109 298
模式 3	26 716	2. 440 8	65 208
模式 4	65 228	2. 822 7	184 116
模式 5	60 157	2. 477 8	149 056
模式 6	328 928	1. 596 8	525 241
模式 7	480 635	2. 016 7	969 305

由表 3-6 可知，不同养殖模式下的 NPV 均大于 0，且 BCR 也都大于 1，说明上述养殖模式都是有效、可行的。随着高值养殖品种的加入（如鲍、海胆、刺参等），系统的 NPV 明显增加。RC 数据显示，在所研究的 7 种养殖模式中，海带＋鲍＋刺参多营养层次综合养殖模式可被认为是最优的养殖模式，养殖模式的优

化顺序为:模式 7> 模式 6> 模式 4> 模式 1> 模式 5> 模式 2> 模式 3。

所有研究结果都表明,IMTA 养殖模式所提供的服务价值、经济效益、环境效益都远高于混养和单养模式,而大型藻类作为初级生产者,在水质净化、气候调节、空气质量调节方面都是作为重要贡献者,所以,在养殖模式的选择中,大型藻类应作为一个重要的养殖品种给予考虑。

估算得出 2007 年桑沟湾单养海带、单养扇贝、单养牡蛎、扇贝与海带、牡蛎与海带混养、海带与鲍混养、海带 + 鲍 + 刺参多营养层次综合养殖 7 种养殖模式下系统的物质生产价值分别为:4.92×10^4 元 /(年·公顷)、3.14×10^4 元 /(年·公顷)、2.5×10^4 元 /(年·公顷)、5.93×10^4 元 /(年·公顷)、5.27×10^4 元 /(年·公顷)、3.26×10^5 元 /(年·公顷)、4.84×10^5 元 /(年·公顷);水质净化价值分别为:4.28×10^2 元 /(年·公顷)、73.54 元 /(年·公顷)、-4.2×10^2 元 /(年·公顷)、4.01×10^2 元 /(年·公顷)、1.20×10^2 元 /(年·公顷)、2.27×10^3 元 /(年·公顷)、2.29×10^3 元 /(年·公顷);气候调节价值分别为:3.01×10^3 元 /(年·公顷)、6.02×10^3 元 /(年·公顷)、3.35×10^3 元 /(年·公顷)、2.87×10^3 元 /(年·公顷)、4.39×10^3 元 /(年·公顷)、8.41×10^3 元 /(年·公顷)、8.56×10^3 元 /(年·公顷);空气质量调节价值分别为:6.75×10^3 元 /(年·公顷)、-7.88 元 /(年·公顷)、-7.37 元 /(年·公顷)、5.62×10^3 元 /(年·公顷)、牡蛎与海带混养 5.62×10^3 元 /(年·公顷)、7.49×10^3 元 /(年·公顷)、7.49×10^4 元 /(年·公顷)。净化水质价值结果也表明,通过海带和扇贝的收获可带走大量的 N,进而起到净化水质的作用,但在营养盐相对贫乏的海区,应尽量少养海带和扇贝。空气质量调节服务主要是由大型藻类来完成,而海带和牡蛎的养殖可作为调节气候的重要贡献者。

2007 年桑沟湾不同养殖模式下海区养殖系统的核心服务可为人类提供的服务分别为:单养海带 5.94×10^4 元 /(年·公顷)、单养扇贝 3.21×10^4 元 /(年·公顷)、单养牡蛎 2.79×10^4 元 /(年·公顷)、扇贝与海带混养 6.82×10^4 元 /(年·公顷)、牡蛎与海带混养 6.29×10^4 元 /(年·公顷)、海带与鲍混养 3.44×10^5 元 /(年·公顷)、海带 + 鲍 + 刺参多营养层次综合养殖 5.02×10^5 元 /(年·公顷)。在人们的传统观念中,往往认为养殖生态系统的价值就是物质生产能力,并没有认识到生态系统提供的各种功能性服务价值。由表 3-6 可看出桑沟湾不同养殖模式下物质生产价值占总价值的 80%～90%,系统过程价值占 10%～20%,表明虽然桑沟湾养殖活动是以经济效益为主的生产活动,但其对环境的调节作用不可忽视。在进行桑沟湾养殖系统的利用和发展规划时,如果只重视物质生产功能价值,必然会造成生态系统功能价值的损失,使生态系统遭到破坏,产生一系列不良后果。因此,决策者在选择桑沟湾规划方案时,必须要均衡考虑系统内各项生态系统服务,这样才能更加合理有效地在发展经济的同时,保护生态环境,实现生态系统的可持续发展。

张朝晖等(2007)提出 2003 年桑沟湾海洋单位面积服务价值为 4.24×10^4 元/公顷,本研究认为不同养殖模式下养殖系统单位面积提供的平均服务价值为 1.57×10^5 元/(年·公顷)。虽然在海带水质净化功能价值的估算中,处于保守算法的考虑,参数取值只为张朝晖等(2007)参数取值的 1/3 倍,但还是高于他们的评估值。究其原因主要是 2007 年海带市场价格(6 元/千克)远高于 2003 年的价格(2.4 元/千克)。对于海水养殖系统而言,系统所提供的物质生产价值占总价值的 80%~90%。目前国外还没有关于养殖系统服务研究的详细报道。根据 Costanza 等(1997)的计算表明,全球近海的生态系统服务价值平均为 4 025 美元/公顷,即为 2.94×10^4 元/公顷(1 美元 =7.305)。尽管研究系统的边界不同,国内外评估标准也不同,可比性较差,但仍然可以看出,人类活动可在一定程度上调节和影响生态系统功能的发挥,对人类活动的管理将是生态系统管理的重要内容。

生态系统服务的计算误差主要来自于项目遗漏误差和单位资源功能价值误差。本研究仅估算了不同养殖模式下桑沟湾养殖海区的核心服务的价值,这个结果会低于其实际价值。但生态系统服务研究的最终目的是为决策服务。对服务价值的评估,其意义不在于对每一项服务价值的精确估算,甚至不需要计算一个生态系统所有的服务价值,而应抓住一个或几个有计算依据的核心服务,以此为生态系统管理提供决策依据和指导目标,而其他服务价值可以应用大数定律或模糊数学等方法加以推断(王伟等 2005)。养殖生态系统服务的评价是件极复杂的工作,它涉及养殖系统的各个营养层次和水平及千变万化的环境和管理,同时也受评价人的知识水平、专业经验和对评价对象的熟知程度的限制,进而导致评价结果之间的差异。如本研究在海带水质净化功能的核算中,出于保守算法的考虑,参数的取值与张朝晖等参数的取值相差近 3 倍,再如固碳价值核算方法上的选择,这些都将对评估结果有一定的影响。目前我们关于养殖生态系统的评价指标体系、评价方法和标准以及相应的理论还欠完善,所以还需不断地加以修改充实,但本结果将为最终评价桑沟湾海带单养模式下系统的服务价值提供理论依据。

随着海水养殖产业的飞速发展,人类对海洋的利用方式和养殖模式逐渐多元化,但人类不同的利用方式直接影响着系统的结构、功能和价值。对不同利用方式下养殖系统所具有的核心服务及价值的大小进行识别和定量,不仅为基于生态系统管理的海水养殖提供了可比较的科学依据和经济依据,还可在货币化定量评估的基础上筛选优化养殖模式,为研究健康养殖模式提出新的思路。

第四章

不同养殖模式下桑沟湾生态系统服务价值变化趋势预测

第一节　模型的构建

一、建模的目的

生态系统是由多因子、多单元广泛连接而成的复杂系统。作为一个有机统一的整体,其中任何因子或单元的变化都会引起其他因子或单元的联动,并在全局自适应地寻找到新的平衡点。正如 Jorgensen 在 1992 年所指出的,生态系统是不可拆分的,它最基本的特征是它的整体性和动态性。在进行生态服务的货币化评价时,应当体现和反映生态环境的这种系统特征。同时,在环境问题日益突显的今天,人们对生态系统的认识还刚刚起步,其内部大量的底层关系和动态机理目前仍鲜为人知。如何展开对这样一个未知复杂系统的研究,即生态建模,是进行生态服务价值动态评价的技术关键。在科学上,模型为系统或过程简化的描述方式,以便了解复杂的问题,并加以预测。而系统动态模拟是评估中一种相当好用的工具,它是 20 世纪 50 年代末期由美国麻省理工学院史隆管理学院福雷斯特教授开发创立的。它是以反馈控制理论和系统论为基础,以计算机模拟技术为手段,研究具有资讯回馈、组织结构之间与政策、决策与行动之间存在时间延迟现象等因素间的互动关系所形成的复杂动态行为,可通过定量化的系统模拟与分析,进行系统结构与行为的设计,一般常用的系统动态模拟软件有 DYNAMO、VENSIM、ITHINK、STELLA 等。

人类活动对生态系统结构和功能的利用和改变,最终影响着生态系统服务价值的变化,但人类活动的启动与生态系统服务价值的变化之间存在一个时间差,即生态系统服务的升高或降低滞后与引起其升高或降低的人类活动之间的时间差。加强人类活动对生态系统服务影响的模拟与预测研究,可以为有效控制人类活动的规模和强度提供依据。本研究建立了简单的系统动力学模型,对不同养殖模式下桑沟湾养殖系统服务价值变化趋势进行模拟和预测,初步探讨人类不同利用方式对系统服务和价值的影响。

二、系统边界的确定

建模的目的不同,系统就有不同的边界。只有系统边界确定后才能确定系统的内生和外生变量。内生变量是由系统内部反馈结构决定的变量,外生变量是由影响环境因素确定的变量。系统动力学认为系统的行为是基于系统内部的种种因素而产生的,并假定系统的外部因素不给系统的行为以本质的影响,也不受系统内部因素的控制。

将桑沟湾视为 1 个箱,在陆地径流输入、水交换、底泥释放以及浮游生物生物量等条件不变的情况下,只改变养殖生物的种类和养殖模式,那么模型中的变量就反映了桑沟湾生态系统对不同养殖模式的响应过程。模型的状态变量包括了不同养殖模式下系统生产力、C、N、O 营养元素的变化,以及系统服务和价值的变化等。

三、预测模型的构建

(一)STELLA 用于生态建模的适用性

整个模型拟采用视窗化软件 STELLA9.0.2 构建。STELLA 是一种基于系统动力学的管理决策建模仿真软件,也是第一个允许图形模式输入的仿真软件,分高层、图层、函数层 3 个层次结构,STELLA 图层的 4 个基本语言符号为:栈(Stock),表示系统所处的状态;流(Flow),表示系统的活动;数据转换器(Converter),表示各种数据序列、代数关系,或常数;链接器(Connector),表示栈、流、数据转换器之间的关系或传递信息。它的最大特点是可在计算机上模拟事物的动态相互行为,Costanza 等(2008,2002)已多次将它应用于生态—经济系统的动态分析中。采用养殖系统的物理、化学、生物、沉积物、养殖等参数,借助STELLA 的语言符号,根据系统所处的状态(栈)、系统活动(流)以及各种常数(如养殖密度、死亡率等)之间的相互关系,构建不同养殖模式下桑沟湾养殖系统服务价值的预测模型。通过对不同情景的模拟分析,可以模拟和预测系统服务的动态行为和未来发展趋势。

(二)模型的结构

模型由生长限制、功能服务(包括物质生产、净化水质、气候调节、空气质量调节）和功能核算（经济产出和系统价值）3大部分构成。模型将以图形的形式输出，图4-1给出了模型各个模块之间的关系；图4-2~图4-4给出了模型的整个结构以及变量间的相互链接。

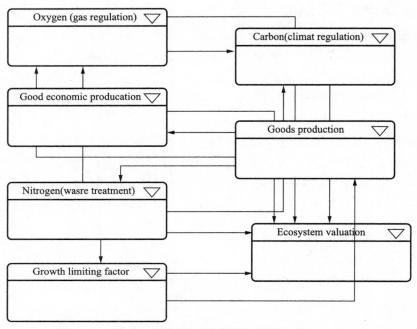

图4-1　模型中各个模块之间的关系

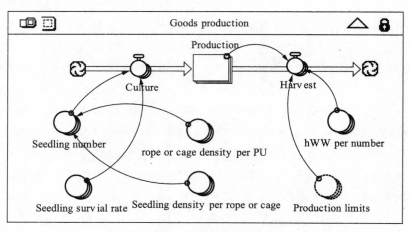

图4-2　模型结构一

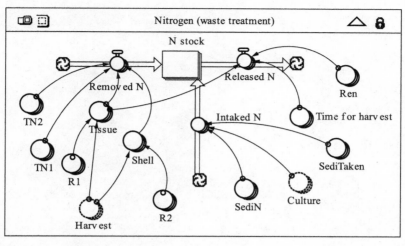

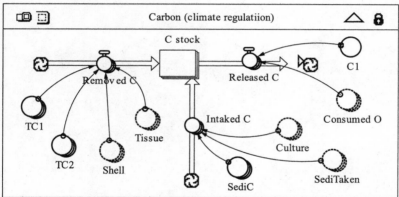

图 4-2（续） 模型结构一

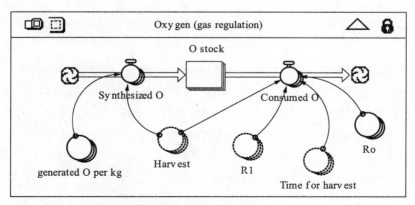

图 4-3 模型结构二

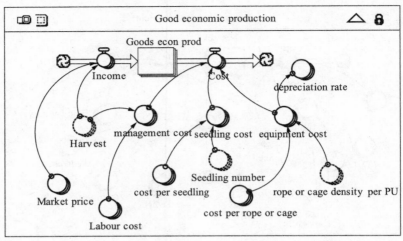

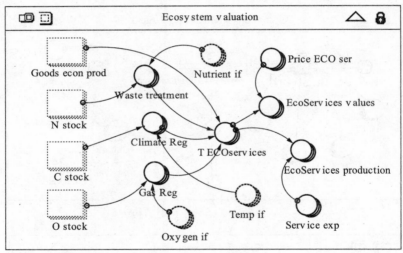

图 4-3(续) 模型结构二

以桑沟湾不同养殖模式下的养殖系统为研究对象,模拟了系统的行为模式,并通过一定的数据定量分析了不同养殖模式与系统服务和价值间的相互作用机制及相互影响。以 2007 年作为评估基准年,其他预测年份的资料都采用 2007 年数据,然后采用折现的方法将其折算到 2007 年;所有参数都 ≥ 0,状态变量的初始值以 2007 年的估算结果为基准,模型时间步长为 1 年,共运行 50 年。模型中参数的来源和取值见表 4-1,各变量之间的关系式见附录。

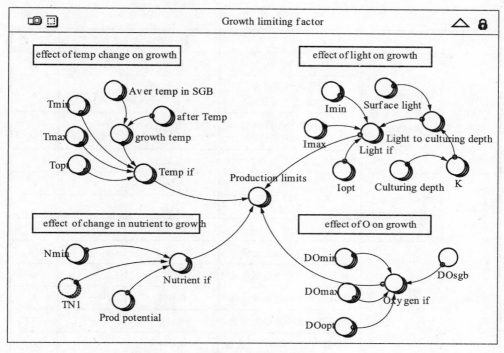

图 4-4　模型结构三

表 4-1　模型中主要参数符号、意义及取值

符　号	定　义		取　值	单　位	出　处
iWW per number	单个苗种初始质量	海带苗	1.2	g / ind	1
		扇贝苗	0.67	g / ind	1
		牡蛎苗	0.033	g / ind	1
iWW per number	单个苗种初始质量	鲍苗	0.23	g / ind	2
		刺参苗	12.5	g / ind	24
hWW per number	收获时单位商品个体的平均湿重	海带（单养）	910	g / ind	24
		扇贝（单养和混养）	10	g / ind	24
		牡蛎（单养）	50	g / ind	24
		海带（混养）	780	g / ind	24
		牡蛎（混养）	100	g / ind	24
		鲍（混养）	80	g / ind	24
		刺参	170	g / ind	24

续表

符 号	定 义		取 值	单 位	出 处
R1	软体组织所占总湿重或干重比例	海带干湿比	0.16	—	3
		扇贝软体干重占总湿重百分比	0.073	—	8
		牡蛎软体干重占总湿重百分比	0.012 9	—	8
		鲍软体湿重占总湿重百分比	0.752 3	—	9
R2	壳干重所占总湿重的比例	扇贝	0.566	—	8
		牡蛎	0.638	—	8
		鲍壳	0.254	—	9
TN1	软组织中氮含量	干海带体内总氮含量	0.016 3	—	10
		扇贝软体干重内总氮含量	0.123 6	—	8
		牡蛎软体干重内总氮含量	0.089	—	8
		鲍软体湿重内蛋白质含量	0.31	—	7
		刺参软体湿重内蛋白质含量	0.034	—	11
TN2	壳中氮含量	扇贝壳干重内总氮含量	0.000 9	—	8
		牡蛎壳干重内总氮含量	0.001 2	—	8
		鲍壳干重内总氮含量	0.025 5	—	7
Ren	排氨率	扇贝单位软体干重排氨率	35.51	mg/(g·h)	12
		牡蛎单位软体干重排氨率	23.35	mg/(g·h)	12
		鲍单位湿重排氨率	0.001 37	mg/(g·h)	13
		刺参单位湿重排氨率	0.000 94	mg/(g·h)	14
Ro	耗氧率	扇贝单位软体干重耗氧率	1.35	mg/(g·h)	12
		牡蛎单位软体干重耗氧率	1.07	mg/(g·h)	12
		鲍单位湿重耗氧率	0.058 7	mg/(g·h)	13
		海参单位湿重耗氧率	0.016 7	mg/(g·h)	14
R	单位商品个体平均干湿比	海带干湿比	0.16	—	3
		栉孔扇贝干湿比	0.64	—	8
		牡蛎干湿比	0.65	—	8

续表

符　号	定　义		取　值	单　位	出　处
C1	消耗 1g 氧释放的 CO_2 量		0.014 4	g	21
Tmax	生长温度上限	海带	20	℃	4, 6
		栉孔扇贝	25	℃	15
		长牡蛎	28	℃	15
		鲍	26	℃	16
		刺参	19	℃	16
Tmin	生长温度下限	海带	0.5	℃	5
		栉孔扇贝	5	℃	15
		长牡蛎	8	℃	15
		鲍	7	℃	15
		刺参	4	℃	16
Topt	生长最适温度	海带	10	℃	3, 4
		栉孔扇贝	17	℃	15
		长牡蛎	18	℃	15
		鲍	16	℃	15
		刺参	14	℃	16
SediTaken	摄食的沉积物	刺参	0.009 3	kg/d/ind	22
SediN	摄食沉积物中 N 含量		0.001 2	—	23
SediC	摄食沉积物中 C 含量		0.017 2	—	23
DOsgb	溶解氧	桑沟湾溶解氧的年平均浓度	7.74	mg/L	20
DOmin	生长溶氧下限	扇贝	4.5	mg/L	19
		牡蛎	4	mg/L	15
		鲍	4	mg/L	15
DOmax	生长溶氧上限	扇贝	8.5	mg/L	19
		牡蛎	9	mg/L	15
		鲍	9	mg/L	15

符　号	定　　义		取　值	单　位	出　处
DOopt	生长最适溶氧	扇贝	6.5	mg/L	19
		牡蛎	6	mg/L	15
		鲍	6	mg/L	15
k	光衰减系数		$k = 1.87e^{-0.473D}$		18
D	养殖深度	海带	1.5	m	24
		扇贝	2	m	24
		牡蛎	2	m	24
		鲍	2	m	24

注(出处)：1. Nunes 等, 2003; 2. Neori 等, 2000; 3. Duarte 等, 2003; 4. Petrell, 1993; 5. Tseng, 1962; 6. Kirihara, 2003; 7. Britz 等, 1996; 8. 张继红等, 2005; 9. 陈炜等, 2004; 10. 周毅等, 2000; 11. 李丹彤等, 2005; 12 毛玉泽, 2006; 13. 毕远薄等, 2000; 14. 袁秀堂等, 2006; 15. 谢忠明, 2003; 16. 燕敬平等, 2000; 17. 孙丕喜等, 2007; 18. 吴荣军等, 2006; 19. Chen et al, 2007; 20. 实验数据; 21. Costanza et al, 1997; 22. 袁秀堂等, 2008; 23. 周毅等, 2003; 24. 生产数据(包括养殖公司生产资料、渔业统计年鉴、采访、调研所得数据等)。

1. 生长限制部分

养殖生物的生长受水温、光照、营养盐、溶氧、盐度等的影响。由于桑沟湾的盐度常年为 31 ～ 33, 盐度稳定(吴荣军等, 2009), 所以本模型只考虑水温、光照、营养盐、溶氧为模型的强制函数, 其中主要以氮作为营养盐限制因子, 并假设其他营养盐在桑沟湾是充足的, 未对养殖生物的生长构成限制。

2. 功能服务部分

这部分主要包括养殖生态系统的四大核心服务。

1)物质生产

物质生产由养殖密度和存活率来决定, 且温度、光照等环境因子也影响养殖生物的产出, 存活率受到养殖密度的影响, 随着养殖密度的增加而降低, 物质生产的存量也影响着人类生活的质量。

2)水质净化

通过养殖生物的收获, 可将其组织内的 N、P 移除, 同时一些养殖生物在其养殖过程中也释放很多 N、P 到环境中。从第三章的研究结果可看出, 相对于 N 来说, 养殖生物对 P 的移除效益较小, 所以在建模时, 水质净化模块只模拟了 N 的效应。

3）气候调节

养殖藻类（如海带等）通过光合作用将溶解的无机碳转化为有机碳，从而固定 CO_2，而养殖贝类则通过摄食浮游藻类和颗粒有机碳，从而转化并固定碳，同时通过直接吸收海水中碳酸氢根（HCO_3^-）形成碳酸钙贝壳（$CaCO_3$）。固定的这部分碳将会随着养殖生物的收获而从系统中移出。有些养殖生物在其养殖过程中也释放 CO_2 到环境中。

4）空气质量调节

养殖藻类通过光合作用释放氧气，而养殖贝类则在呼吸过程中释放氧气。

3. 功能核算部分

1）经济产出

其在这里被定义为所有的经济效益。经济效益随着成本的增加而减少，收入受市场价格波动影响较大。

2）价值估算

这部分主要是把不同养殖模式对生态系统的贡献进行了货币化。

（三）模型的敏感度分析

敏感度分析用于定性或定量地评价模型参数误差对模型结果产生的影响，是模型参数化过程和模型校正过程中的有用工具，具有重要的生态学意义。敏感度分析主要有两种：结构敏感度分析和参数敏感度分析。结构敏感度分析主要是研究模型中因果关系的变化对模型行为的影响，目的有两个：一是试图透过观察到的模型行为，发现系统运行的基本机制；二是评议有争议的因果关系的影响。对于本模型，因果关系明确，不存在争议现象。参数敏感度分析主要研究模型行为对参数值在合理范围内变化的敏感度，检查模型行为模式是否因为某些参数的微小变化而改变。本研究采用参数敏感度分析。

令 F 为生态模型中某一生物变量，α 为模型中与 F 有关的某个生物参数，则 F 对 α 的敏感度 $\hat{S}$ 可由公式（1）估算：

$$\hat{S} = \left| \frac{\Delta F/F}{\Delta \alpha/\alpha} \right| \qquad\qquad 公式（1）$$

其中，ΔF 为当参数 α 变化 $\Delta \alpha$ 时 F 相对应的变化值；一般的，当 α 变化 1% 时，如果 $\hat{S}$ 小于 0.5，则认为该生物量的计算值相对于参数 α 不敏感，即模型的数值解可信；相反，当 $\hat{S}$ 大于 0.5，则认为该生物量的计算值相对于参数 α 敏感，那么模型计算值的可信度就较低，在这种情况下，对模型结果的分析和解释必须十分谨慎；敏感度分析可作为筛选关键因子的最佳工具。在本研究中，将以下列参数作敏感度分析，并对产量、经济效益和系统服务总价值的模拟结果作为分析，见表4-2。

表4-2　主要参数灵敏性分析

参数 α	参数取值 α₁	状态变量的敏感度		
		产量 harvest	经济效益 goods econ	总价值 eco values
cost_per_rope_or_cage[mode_1, species_X]	12	0.000	0.042	0.011
cost_per_rope_or_cage[mode_2, species_X]	12	0.000	0.091	0.015
cost_per_rope_or_cage[mode_3, species_X]	1.5	0.000	0.018	0.007
cost_per_rope_or_cage[mode_6, species_Y]	80	0.000	0.062	0.012
cost_per_seedling[mode_1, species_X]	0.03	0.000	0.004	0.001
cost_per_seedling[mode_2, species_X]	0.0045	0.000	0.005	0.003
cost_per_seedling[mode_3, species_X]	0.003	0.000	0.0045	0.003
cost_per_seedling[mode_6, species_Y]	3	0.000	0.015	0.006
cost_per_seedling[mode_7, species_Z]	2	0.000	0.0143	0.009
Labour_cost[mode_1, species_X]	0.3	0.000	0.054	0.073
Labour_cost[mode_2, species_X]	0.2	0.000	0.026	0.065
Labour_cost[mode_3, species_X]	0.1	0.000	0.023	0.019
Labour_cost[mode_6, species_Y]	48	0.000	0.008	0.024
Market_price[mode_1, species_X]	0.96	0.000	0.286	0.457
Market_price[mode_2, species_X]	4.6	0.000	0.194	0.208
Market_price[mode_3, species_X]	0.7	0.000	0.137	0.171
Market_price[mode_6, species_Y]	200	0.000	0.356	0.384
Market_price[mode_7, species_Z]	120	0.000	0.287	0.318
rope_or_cage_density_per_PU[mode_1, species_X]	400	0.378	0.336	0.228
rope_or_cage_density_per_PU[mode_2, species_X]	400	0.342	0.166	0.143
rope_or_cage_density_per_PU[mode_3, species_X]	800	0.390	0.195	0.177

参数 α	参数取值 α₁	状态变量的敏感度		
		产量 harvest	经济效益 goods econ	总价值 eco values
rope_or_cage_density_per_PU[mode_4, species_Y]	180	0.398	0.242	0.284
rope_or_cage_density_per_PU[mode_5, species_Y]	225	0.246	0.265	0.231
rope_or_cage_density_per_PU[mode_6, species_Y]	250	0.193	0.231	0.177
Seedling_density_per_rope_or_cage[mode_1, species_X]	35	0.337	0.274	0.455
Seedling_density_per_rope_or_cage[mode_2, species_X]	300	0.378	0.426	0.435
Seedling_density_per_rope_or_cage[mode_3, species_X]	200	0.287	0.362	0.474
Seedling_density_per_rope_or_cage[mode_7, species_Y]	160	0.252	0.319	0.385

　　经过分析可知,所有常数参数的灵敏度都在合理范围之内(小于 0.5),模型行为模式并没有因为参数的微小变动而出现异常变动,因此模型是可信的,可以应用该模型进行预测模拟。通过敏感度分析,筛选出控制其服务价值变化的关键指标为:市场价格和养殖密度。

第二节　不同养殖模式下桑沟湾生态系统服务价值变化趋势预测和分析

一、不同养殖模式对系统总服务价值的影响

　　图 4-5 模拟了不同养殖模式对系统总服务价值变化的影响。养殖 50 年后,不同养殖模式下系统核心服务提供的总价值的大小顺序为:模式 7＞模式 6＞模式 4＞模式 5＞模式 2＞模式 1＞模式 3。

二、不同养殖模式对水质净化的影响

　　不同养殖模式下系统 N 存量的大小直接决定了系统的水质净化功能,移除的 N 越多,系统的水质净化功能越强,因此通过模拟不同养殖模式下系统 N 存量的变化(图 4-6)来分析系统的水质净化功能。模拟结果表明桑沟湾 7 种养殖模式下系统累计移除的 N 量随着养殖时间的增加而增加,养殖 50 年后,不同养殖模式下系统累计移除的 N 量顺序为:模式 7 ＞模式 6＞模式 2＞模式 4＞模式

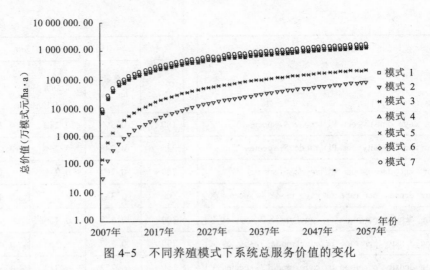

图 4-5 不同养殖模式下系统总服务价值的变化

1> 模式 5> 模式 3；可见，通过扇贝的收获，大量的 N 被移除，因此在营养盐缺乏的海区，应适当少养扇贝。

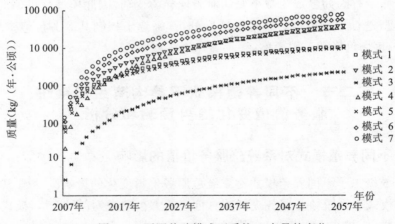

图 4-6 不同养殖模式下系统 N 存量的变化

三、不同养殖模式对气候调节的影响

不同养殖模式下系统 C 存量的大小直接决定了系统的气候调节功能，因此通过模拟不同养殖模式下系统 C 存量的变化（图 4-7）来分析系统的气候调节功能。养殖 50 年后，不同养殖模式下系统累计移除的 C 量顺序为：模式 7 > 模式 6> 模式 5> 模式 4> 模式 1> 模式 3> 模式 2；可见，牡蛎的养殖在系统气候调节功能方面发挥着很大的作用。

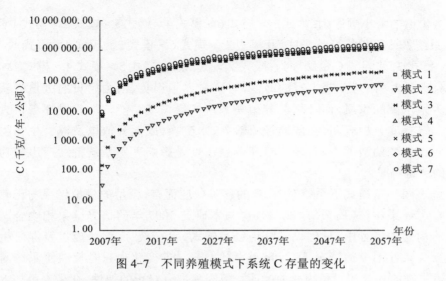

图 4-7　不同养殖模式下系统 C 存量的变化

四、不同养殖模式对空气质量调节的影响

通过模拟不同养殖模式下系统 O 存量的变化(图 4-8)来分析系统的空气质量调节功能。因系统的空气质量调节功能主要是由养殖的海带所提供的,因此模式 1、模式 4、模式 5、模式 6、模式 7 所提供的此项服务几乎一致。

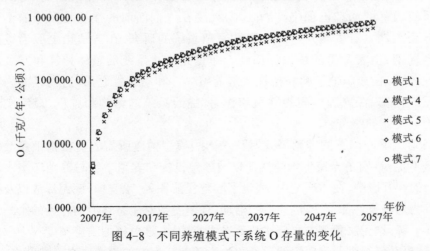

图 4-8　不同养殖模式下系统 O 存量的变化

因没有考虑复杂的水动力模式及更多的营养阶层,所以本研究所建立的模式有所限制,虽然无法完整模拟出桑沟湾不同养殖模式下系统服务的变化,但透过系统动力学及生态变量间的动力机制,仍可了解不同养殖模式对系统服务的影响。模拟结果显示,养殖 50 年后,桑沟湾不同养殖模式下系统核心服务提供的

总服务价值的大小顺序为:模式 7 > 模式 6> 模式 4> 模式 5> 模式 2> 模式 1> 模式 3;系统累计移除的 N 量顺序为:模式 7 > 模式 6> 模式 2> 模式 4> 模式 1> 模式 5> 模式 3;移除的 C 量顺序为:模式 7 > 模式 6> 模式 5> 模式 4> 模式 1> 模式 3> 模式 2。在营养盐丰富的海区,可适量养殖扇贝,借由扇贝的大量收获来改善养殖水域的水质,而牡蛎的养殖在系统气候调节功能方面也发挥着很大的作用。敏感度分析表明,在陆地径流输入、水交换、底泥释放以及浮游生物生物量等条件不变的情况下,市场价格和养殖密度是影响养殖系统持续产出和功能价值的关键因子。

就不同养殖模式下系统对 N、C 的移除效应而言,模型的模拟结果与已有的文献报道结果相符(周毅等,2002),也与本研究 2007 年的估算结果相吻合。在模型的构建和运行中,只假设了陆地径流输入、水交换、底泥释放以及浮游生物生物量等条件不变的情况下,所以模型状态变量的变化也只是反映了系统对改变养殖生物的种类和养殖模式的响应。但因模型有修正的弹性,在未来可加入其他影响变数,如沉积环境、水动力及摄食等,提高模型精确度,来修正模拟结果,也可利用模型中相关的生态动力机制,计入其他数值模型中,使其更完整。

生态系统是和社会、经济等系统紧密交织、相互作用、互为因果的复杂大系统,连接的高阶性和时空的动态性是其基本特征。此外,作为新兴的研究领域,生态系统内部的动态机理仍鲜为人知,展现在人们面前的往往是系统的不确定性和非直观性。着手展开对此类未知复杂系统的研究,在方法论上应当遵循从整体到局部、由表及里的认识论原则。即首先应从系统的整体特征和发展趋势方面来入手,在准确地了解和把握系统的整体性和动态性之后,进而以其为指导深入系统内部,探究因子间的联系和作用,描绘系统的结构和过程,最终实现系统结构与功能的统一。

目前就桑沟湾不同养殖模式对系统影响模型构建所需的重要基础参数的研究仍显不足,特别是养殖生物的排泄以及养殖设施和养殖生物与养殖环境水动力学之间的相互影响,在本研究中,假设了陆地径流输入、水交换、底泥释放以及浮游生物生物量等条件都不变,因此养殖活动、环境变数对生态环境的行为的影响未有充分的了解,也无法预测未来环境变数造成的影响,这对评估结果精度有一定的影响,而这也是值得进一步研究的课题。桑沟湾养殖生态的相关研究已持续多年,希望能整合研究资源,建立生态参数、生物量及摄食量、水动力学等,以利于构建稳定且可信赖的生态模型,并由其预测各生物或物质空间与时间上的变化,以便提供桑沟湾养殖生态系统最合适的管理策略,来达到生态环境永续利用的目的。

第五章

基于生态服务价值的养殖模式优化

第一节 养殖模式的优化

养殖模式的优化目的是在有限的投入条件约束下,要取得尽可能大的效益,实现养殖结构优化的目标。模型设计应该追求经济效益、社会效益、生态效益的最大化,但是这些效益在一个具体的项目上则有可能相互依存,也可能互相排斥。因此,一个具体的养殖模式优化方案,必须全面衡量各种效益并进行利弊的权衡,确定最主要的优化目标,综合考虑其他效益进行资源的分配。

基于生态服务价值的养殖模式优化是为了达到养殖系统的生态效益最优的目标,综合考虑经济、社会目标等约束条件,采用一定的科学模型进行预测、分析,在确保经济效益可行的前提下,使养殖系统服务价值最优,从而促进养殖业的可持续产出,维持养殖系统的生态特征和基本服务,最大限度地发挥养殖系统的各种效益。保证养殖系统的可持续发展是养殖模式优化和管理的根本目标。

生态损害指某一活动对生态系统所提供的服务造成的损害;生态损害指数表示单位收入造成的生态损害(彭本荣等,2005);对养殖生态系统而言,生态损害指数则表示单位养殖收入造成的生态损害。养殖产生的净生态损害等于养殖减少的服务价值与养殖提高的服务价值之差。运用如下公式:

$$f(\text{ecol}) = (\text{Loss} - \text{Benefit})/\text{Income} \qquad 公式(1)$$

经济可行性指数表示单位养殖投入的净经济收益。运用如下公式:

$$f(\text{econ}) = (\text{Income} - \text{Cost})/\text{Cost} \qquad 公式(1)$$

第三章的研究结果表明,IMTA养殖模式为人类提供的服务价值远高于混养和单养模式,经济效益和环境效益也都优于混养和单养模式,所以本研究拟计算2个可能的IMTA养殖模式(4个养殖密度)的生态损害指数和经济可行性指数。以养殖现状模式作为比较基准,经济可行性指数从高到低排序,生态损害指数从低到高排序,筛选 2~3 个候选养殖模式,它们具有较好的经济效益,同时对生态系统的损害较小。

<h2 style="text-align:center">第二节　候选模式的筛选</h2>

因养殖密度是控制系统可持续产出的关键因子,所以 4 个拟计算的 IMTA 模式均以养殖密度的变化为变量,分别为:

(1)候选模式 1(Cm1):海带 + 扇贝 + 海参。

海带与扇贝的养殖笼数、绳数同于海带与扇贝混养模式,海带每绳颗数加至 40 颗,扇贝每笼 240 粒,在每个扇贝养殖笼内放养 14 个刺参,每层放 2 个,用于摄食扇贝的粪便。

(2)候选模式 2(Cm2):海带 + 扇贝 + 海参。

海带与扇贝的养殖笼数、绳数以及每绳、每笼的个数同于海带与扇贝混养模式,但在每个扇贝养殖笼内放养 14 个刺参,每层放 2 个。

(3)候选模式 3(Cm3):海带 + 鲍 + 刺参。

以鲍养殖为主,鲍养殖密度 160 头 / 笼,在每个鲍养殖笼内放养 9 个刺参,每层放 3 个。

(4)候选模式 4(Cm4):海带 + 鲍 + 刺参。

以鲍养殖为主,鲍养殖密度 180 头 / 笼,在每个鲍养殖笼内放养 9 个刺参,每层放 3 个。

在原有预测模型的基础上加入养殖模式优化模块(图 5-1),对上述 4 个候选模式的经济可行性指数、生态损害指数进行模拟,模型时间步长为 1 年,共运行 100 年。

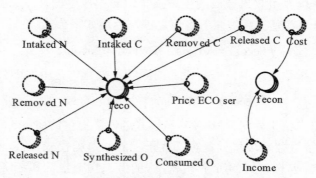

图 5-1　养殖模式优化模块

一、候选模式经济可行性指数分析

图 5-2 模拟了 4 个候选模式的经济可行性指数变化。养殖 50 年后经济可行性指数从高到低的顺序为：模式 Cm4 > 模式 Cm3 > 模式 Cm2 > 模式 Cm1。

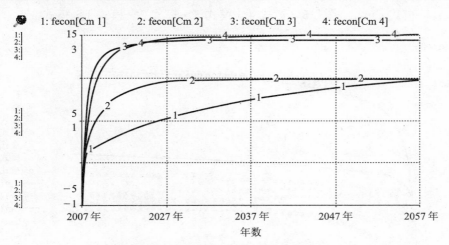

图 5-2　候选模式经济可行性指数分析

二、候选模式生态损害指数分析

图 5-3 模拟了 4 个候选模式的生态损害指数变化。养殖 50 年后生态损害指数从低到高的顺序为：模式 Cm2 ＜模式 Cm4 ＜模式 Cm3 ＜模式 Cm1。

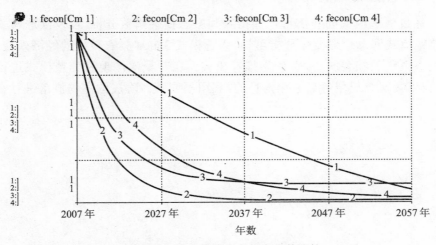

图 5-3　候选模式生态损害指数比较

三、候选模式与现有模式间总价值变化比较

图 5-4 模拟了 4 个候选模式与现有养殖模式间总价值的变化。养殖 50 年后，候选模式与现有模式间总价值的大小顺序为：模式 Cm4 > 模式 Cm3 > 模式 7 > 模式 Cm1 > 模式 Cm2 > 模式 6 > 模式 4 > 模式 5 > 模式 2 > 模式 1 > 模式 3。

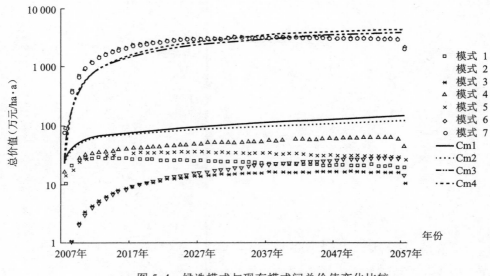

图 5-4　候选模式与现有模式间总价值变化比较

四、候选模式的推荐

通过候选模式的经济可行性指数和生态损害指数分析，以及候选模式与现有养殖模式间总价值变化分析可知，候选模式 3 和 4 具有较好的经济效益，同时对生态系统的损害较小，可作为推荐模式。在对桑沟湾现有养殖模式进行优化时，应以实现系统服务最大化为目的，利用不同营养阶层的生物群落进行合理搭配。

第六章

总 结

第一节　主要结论

一、不同养殖模式下桑沟湾养殖海域环境现状评价

对不同养殖模式下养殖海域的环境现状进行了研究和评价,主要结论如下。

1. 不同养殖模式下附着生物群落分析

(1)采用挂网的方法对桑沟湾栉孔扇贝和海带混养区的附着生物的季节变化进行了研究。结果显示挂网上的附着生物具有显著的季节变化特征,网片上的附着生物湿重与水温的变化相一致,生物量为 $3\sim1\,210\ \mathrm{g/m^2}$。2月附着生物的生物量最低,8月最高。2007年 $9\sim11$ 月,对栉孔扇贝养殖笼上和贝壳上的附着生物种类和数量进行了研究。结果显示9月养殖笼上附着生物的湿重约为1.94 kg,10月降至0.99 kg,11月又稍有增加,为1.03 kg。扇贝壳上的附着生物变化趋势与养殖笼上的相同,$9\sim11$ 月壳上附着生物的数量约 $0.49\sim2.09\ \mathrm{g}$。扇贝养殖笼上可鉴定的大型附着生物约23种,包括藻类、海鞘类、苔藓虫类、环节动物、腔肠动物、软体动物、甲壳动物和海绵动物等。玻璃海鞘、柄海鞘、紫贻贝和苔藓虫等是附着生物群落中的优势种。

(2)通过在栉孔扇贝和虾夷扇贝上壳上添加不同质量的"模拟附着生物"(速凝水泥)的方法,研究了贝壳上附着生物的质量对这两种扇贝生长和存活的影响。结果显示水泥质量是上壳重 $0.5\sim3$ 倍的各组实验组扇贝的生长和存活与对照组(未添加水泥的扇贝)之间没有显著差异。说明贝壳上附着生物质量为上壳的3倍重时,也不会显著影响扇贝生长存活。$9\sim11$ 月贝壳上的自然附着生物的质量为 $1.47\sim2.09\ \mathrm{g}$,为上壳重的 28.16%($\pm38.6\%$)$\sim31.29\%\pm$(31.63%)。因此,贝壳上附着的生物质量不太可能对扇贝的生长存活造成显著的负面影响。

（3）一个养殖笼内的栉孔扇贝和全部附着生物（Scallop Culture Unit, SCU）在夏季（6～9月）对颗粒有机物的摄食速率为43.13～98.94 mg/h，平均74.05 mg/h。期间，桑沟湾养殖的栉孔扇贝及附着生物摄取的POM约为1 279.58 t；同期，SCU对氨氮和磷（PO4-P）的排泄速率分别为125.59～1 432.23 μmol/h和76.2～252.89 μmol/h，桑沟湾养殖扇贝及附着生物排泄的氮磷分别为211.09 t和83.79 t。一串牡蛎及吊绳和牡蛎壳上的附着生物（Oyster Culture Unit, OCU），夏季摄食率为5～41.43 μmol/h，耗氧率为16.54～41.76 μmol/h，对氨氮和磷（PO4-P）的排泄速率分别为35.56～489.34 μmol/h和9.92～16.68 μmol/h。以此估算，夏季OCU可摄取POM535.68 t，消耗溶解氧955.58 t，排泄氮磷分别为62.37 t和15.50 t。

2. 不同养殖模式下微生物群落的特征

（1）研究了栉孔扇贝与两种大型海藻（海带和龙须菜）混养系统中异养细菌，弧菌，硝化、亚硝化细菌和氨化细菌的动态变化规律。实验结果表明：① 实验期间，混养组中的细菌数量总体上低于扇贝单养组，尤其是水体中的条件致病菌弧菌的数量显著减少；② 在同一水体中，亚硝化细菌与氨化细菌存在竞争性关系。

（2）采用PCR-DGGE分子指纹图谱技术研究了2007年夏季桑沟湾不同养殖区水体微生物群落结构特征。DGGE指纹图谱分析表明，不同站位之间既存在共同图谱，又具有各自的特征谱带，总体上可分为4个区——湾外区、湾口区、湾中区和湾底区，分别与非养殖区、海带养殖区、综合养殖区、贝类单养与网箱养殖区相对应；扇贝养殖区和牡蛎养殖区微生物相似性最高为94%，贝类单养与网箱养殖区和非养殖区相似性最低为41%，仅在网箱区发现对含氮污染物有去除作用的玫瑰杆菌属（Roseobacter）。17个站位表层水样共获得30个优势菌群，选择比较明显的12条带进行回收、扩增和测序，与Genebank中已经登录的细菌种群的同源性进行比较（相似性92%～98%），结果表明这12条序列所代表的细菌分属于变形菌亚门（α-proteobacteria和γ-proteobacteria），放线菌门（Actinobacteria），厚壁菌门（Firmicutes）。研究结果表明贝类单养和网箱养殖对环境的改变较大，海带养殖对环境的改变较小，综合养殖能减少贝类和网箱养殖对环境的污染程度，是一种值得大力推广的养殖模式。

3. 不同养殖模式对桑沟湾底质环境的影响

（1）分别在2006年的4、7、11月及2007年的1月对桑沟湾贝藻养殖区底质环境进行现场调查，结果显示：沉积物中都存在大型底栖动物。尽管耐缺氧的多毛类成为主要的优势种,但是,也发现了其他的种类,如 Crustacea species Cirolana japonensis Richardson, Paranthura japonica Richardson, Photis longicaudata（Bate et Westwood）and Charybdis japonica,这一结果表明沉积物中有机质的富集并不是非常严重。沉积物中氧化还原电位的值都不低于 +50 mV。Eh 值夏秋季低于春冬季。春季和冬季的 Eh 值除 1 个站位外,都高于 +100 mV。同样,MOM-B 的生物、化学、感官参数的结果也显示了桑沟湾贝藻长期大规模的养殖活动对底质环境的压力较低。

（2）于 2010 年 5、7、8 和 10 月对桑沟湾筏式养鲍区的沉积环境进行现场调查,采用挪威的 MOM-B 系统,对该区的有机物污染情况进行了综合评价。生物指标组的结果显示,各站位都有大型底栖动物,鲍区处于 1、2 或者 3 等级。根据化学指标组（pH 和氧化还原电位 Eh）和感官指标组（颜色、气味、气泡、黏稠度等）的监测结果进行了进一步的评价,结果显示,各站位的 pH 都大于 7.0,为弱碱性,沉积物都无气泡产生,无臭味或硫化氢气味。鲍区的沉积环境状况整体良好,5月和 7 月为 1 级,8 月和 10 月为 2 级。虽然鲍区目前的沉积环境状况较好,但需要注意的是 8 月和 10 月,氧化还原电位值多为负值,沉积环境已经处于还原状态,可能与鲍养殖压力有关。

二、不同养殖模式下桑沟湾养殖生态系统服务评估

我们对桑沟湾海带单养（mode1）、扇贝单养（mode2）、牡蛎单养（mode3）、海带与扇贝混养（mode4）、海带与牡蛎混养（mode5）、海带与鲍混养（mode6）、海带、鲍与刺参多营养层次综合养殖（mode7）7 种养殖模式下系统服务价值进行了估算和预测。主要研究结论如下。

1. 养殖模式对桑沟湾生态系统服务的影响和评估研究

（1）2007 年,桑沟湾不同养殖模式下海区养殖系统的核心服务可为人类提供的价值分别为:单养海带 5.94×10^4 元 /（年·公顷）、单养扇贝 3.21×10^4 元 /（年·公顷）、单养牡蛎 2.79×10^4 元 /（年·公顷）、扇贝与海带混养 6.82×10^4 元 /（年·公顷）、牡蛎与海带混养 6.29×10^4 元 /（年·公顷）、海带与鲍混养 3.44×10^5 元 /（年·公顷）、海带 + 鲍 + 刺参多营养层次综合养殖（Integrated multi-trophic aquaculture, IMTA）5.02×10^5 元 /（年·公顷）。总价值大小顺序为:模式 7> 模式 6> 模式 4> 模式 5> 模式 1> 模式 2> 模式 3;环境效应大小顺序为:模式 7> 模式 6> 模式 5> 模式 1> 模式 4> 模式 3> 模式 2;而经济效应则是:IMTA 模式 > 混养模式 > 单养模式。IMTA 养殖模式所提供的价值远高于单一养殖,服

务价值比最高可达 18∶1,可见,以贝藻为主体的多营养层次综合养殖能够更好地彰显水产养殖的生态服务功能。

（2）桑沟湾不同养殖模式下的净现值（NPV）均大于 0,且效益费用率（BCR）也都大于 1,说明上述养殖模式都是有效、可行的。随着高值养殖品种的加入（如鲍、海胆、刺参等）,系统的 NPV 明显增加。相对系数（RC）数据显示,在所研究的 7 种养殖模式中,海带＋鲍＋刺参多营养层次综合养殖模式可被认为是最优的养殖模式,养殖模式的优化顺序为:模式 7> 模式 6> 模式 4> 模式 1> 模式 5> 模式 2> 模式 3。

（3）IMTA 养殖模式所提供的服务价值、经济效益、环境效益都远高于混养和单养模式,而大型藻类作为初级生产者,在水质净化、气候调节、空气质量调节方面都是重要贡献者。所以,在养殖模式的种类结构选择中,大型藻类应作为一个重要的养殖品种给予考虑。

2. 不同养殖模式下桑沟湾养殖系统服务价值变化趋势预测研究

（1）养殖 50 年后,桑沟湾不同养殖模式下系统核心服务提供的总服务价值的大小顺序为:模式 7 > 模式 6> 模式 4> 模式 5> 模式 2> 模式 1> 模式 3;系统累计移除的无机氮量顺序为:模式 7 > 模式 6> 模式 2> 模式 4> 模式 1> 模式 5> 模式 3;移除的碳量顺序为:模式 7 > 模式 6> 模式 5> 模式 4> 模式 1> 模式 3> 模式 2;

（2）敏感度分析表明,在陆地径流输入、水交换、底泥释放以及浮游生物生物量等条件不变的情况下,市场价格和养殖密度是影响养殖系统持续产出和功能价值的关键因子。

（3）建议在营养盐丰富的海区,可适量养殖扇贝,借由扇贝的大量收获来改善养殖水域的水质,而牡蛎的养殖在系统气候调节功能方面也发挥着很大的作用。

三、桑沟湾养殖模式优化

以实现养殖系统服务价值最大为优化目标,以生态损害指数和经济可行性指数为约束条件,提出了 4 个候选模式,分别是候选模式 1（Cm1）:海带（40颗／绳）＋扇贝（240 粒／笼）＋海参（14 粒／笼）;候选模式 2（Cm2）:海带（33 颗／绳）＋扇贝（300 粒／笼）＋海参（14 粒／笼）;候选模式 3（Cm3）:海带（33 颗／绳）＋鲍（160 粒／笼）＋刺参（9 粒／笼）;候选模式 4（Cm4）:海带（33颗／绳）＋鲍（180 粒／笼）＋刺参（9 粒／笼）,我们对它们的经济可行性指数和生态损害指数进行了模拟和分析,主要结果有:养殖50年后经济可行性指数从高到低的顺序为:模式 Cm4 > 模式 Cm3 > 模式 Cm2 > 模式 Cm1;养殖50年后生态损害指数从低到高的顺序为:模式 Cm2 < 模式 Cm4 < 模式 Cm3 < 模式 Cm1;候选模式3和4具有较好的经济效益,同时对生态系统的损害较小,可作为推荐模式。

第二节 展望

一、发展多营养层次综合养殖

多营养层次的综合养殖模式(Integrated multi-trophic aquaculture,IMTA)(Tang 等,2007;Blouin 等,2007;Ridler 等,2007)是近年提出的一种健康的可持续发展的海水养殖理念,对于资源稳定、守恒的系统,营养物质的再循环是生态系统中的一个重要过程。由不同营养级生物(例如,投饵类动物、滤食性贝类、大型藻类和沉积性食物动物等)组成的综合养殖系统中,一些生物排泄到水体中的废物成为另一些生物的营养物质来源,因此,这种方式能充分利用输入到养殖系统中的营养物质和能量,可以把营养损耗及潜在的经济损耗降低到最低,从而使系统具有较高的容纳量和经济产出。IMTA 养殖模式可平衡因经济动物养殖所带来的额外营养负荷,有利于实现养殖环境的自我修复,且通过沉积食性生物的养殖有效地降低营养物的浓度,维持水体的溶氧量,降低养殖水体恶化的危险性,从而保证养殖活动安全有序。因此有必要在优化现有养殖技术的基础上开展多营养层次综合养殖,将具有互补、互利作用的养殖生物合理组合配置,达到减小或消除海水养殖对海洋环境造成的负面影响,提高水域的利用率、产品产出率和商品率的目的,从而提高整个水体的养殖容量,达到结构稳定、功能高效的目的。

多营养层次综合养殖作为一种生态系统水平的适应性管理策略,在中国沿海有了很好的发展,不仅得益于中国海水养殖独特的、以贝藻为主的产业结构和规模,同时也由于得到了相关基础研究新成果的支持。这些成果多出自于黄海水产研究所唐启升院士为首的研究团队,包括以下方面。

(1)非顶层获取的收获策略。这个体现生态系统产出功能的收获策略是根据"高营养层次物种的生态转换效率与其营养级呈负相关"的研究结果得到的(Tang 等,2007)。该项发现表明,较低营养层次(营养级较低)的物种,生态转换效率相对较高;而较高营养层次(营养级较高)的物种,生态转换效率相对较低。

这意味着营养级较低的物种具有更高的资源产出效率,生态系统的资源生物量也会相对增加。对于关注从生态系统中获得更多产出的中国需求而言,自然就会选择非顶层获取的收获策略,因为顶层获取的收获产出量相对较低。很明显,多营养层次综合养殖是一种非顶层获取收获策略,因为这种养殖模式包含了较低营养层次的种类,其整体的产出效率相对较高。

（2）贝藻养殖的碳汇功能。贝类和藻类等养殖生物通过滤食浮游植物、颗粒有机物质和光合作用从水体中大量吸收碳元素,并通过收获把这些已经转化为生物产品的碳移出水体,或被再利用或被储存,形成"可移出的碳汇"（张继红等,2005）。中国是世界上最大的贝、藻类养殖国家,年产量超过 1 000 万吨。研究表明,1999～2008 年,平均每年约有 379 万吨碳被吸收利用,约 120 万吨碳通过收获被移出,明显增加了近海生态系统对大气中 CO_2 的吸收能力（Tang 等,2011）。上述研究结果说明,以贝藻为主体的多营养层次综合养殖能够更好地彰显水产养殖的生态服务功能,生物的碳汇作用得到了较好的发挥,是环境友好型水产养殖业的代表性发展模式。

（3）养殖容量与优化养殖模式。不同养殖种类及方式养殖容量的研究表明,若要实现水产养殖可持续发展的目标,获得较高的产出,需要在容量允许的前提下从养殖密度、海流、附着生物、养殖品种结构、养殖布局规划及最佳养殖水平 6 个方面优化养殖模式（方建光等,1996a;1996b）。这些研究结果为构建和优化多营养层次综合养殖提供了最基本的科学依据。

目前,在桑沟湾已建立了多个多营养层次综合养殖模式,其经济效益和生态效益都非常显著。主要有:

（1）鲍—海带筏式综合养殖模式:鲍养殖需要消耗大量的人工投喂饵料（新鲜或干的大型藻类）,以致水质变差,影响到养殖鲍的健康状况,最终使养殖系统的食物产出功能受到影响。鲍—海带综合养殖策略的实施,降低了大规模养鲍对生态系统造成的负面效应,一个潜在的好处是加快营养物质的循环利用,如鲍的粪便及其他排泄物可以被藻类吸收,而藻类又成为该综合养殖系统中鲍的食物。在该多营养层次综合养殖系统中,每一个养殖单元有 4 条筏架,每个筏架的长度约 80 m,筏间距为 5 m,总的面积约 1 600 平方米。每个筏架可以悬挂 30 个网笼,网笼所处水深约为 5 m,每个网笼可以养殖约 280 头壳长 3.5～4 cm 的鲍。海带水平悬挂于鲍网笼之间。每条绳上可以养殖 70 棵海带,每条海带养殖绳间的距离为 2～3 m。根据鲍的养殖容量、排氨速率和海带的吸收速率,总计 33 600 头鲍和 12 000 棵海带共同存于一个养殖单元。海带自 11 月开始养殖直到翌年 6

月结束。海带达到 1 m 长后便可以用于饲喂鲍,鲍网笼至少应该每周清理一次。在这种养殖方式下,鲍在 2 年内就可以达到上市规格(8～10 cm)。2 年后,该系统中鲍的产量为 900 kg,根据 2009 年的市场价格,产值可达 6 万多元。

(2)鱼—贝—海带筏式综合养殖模式:在该系统中,藻类可以吸收和转化鱼和贝排泄的无机营养盐,并为鱼、贝提供溶氧。双壳贝类滤食鱼类粪便、残饵及浮游植物形成的悬浮的颗粒有机物。利用海带和龙须菜作为 12 月至翌年 5 月(冬季和春季)和 7～11 月(夏季和秋季)的生物修复种类,氮收支方程可表示如下:N(藻类)$= N$(鱼类排泄)$+ N$(残饵)$+ N$(死亡鱼体)。这两种生物的干湿重转化系数为 1:10。海带和龙须菜的干组织氮含量分别为 2.79% 和 3.42%,海带和龙须菜的产量为 5.6 kg(湿重)$/m^2$ 和 3 kg(湿重)$/m^2$。冬季和春季网箱鱼类和海带的最适混养比例为 1 kg(湿重):0.94 kg(干重),而在夏季和秋季为 1 kg(湿重):1.53 kg(干重)(Jiang 等,2010)。在该 IMTA 系统内,对能够摄食颗粒有机物的贝类及其他滤食性生物来说,颗粒大小起到重要的决定作用。太平洋牡蛎能够摄食直径小于 541 μm 的颗粒(Dupuy 等,2000)。在近期的实验中,通过对网箱区与非网箱区的实验比较,证明了鱼类残饵及粪便对牡蛎食物来源的贡献。牡蛎通过摄食活动所摄取的鱼类养殖产生的有机碎屑的转化效率约为 54.44%(其中 10.33% 为残饵、44.11% 为粪便)。从鱼类养殖网箱逃逸出来的颗粒营养物质中适宜的大小范围占 41.6%,牡蛎能够同化利用 22.65% 的颗粒有机物。双壳类在该系统中起到循环促进者的作用,不仅能够减少养殖污染还能够为鱼类养殖创造额外的收入。不过,为了能够达到最大程度的清洁效果,在该系统中搭配沉积食性种类(如沙蚕、海胆等)是十分必要的。

(3)鲍—海参—菲律宾蛤仔—大叶藻底播综合养殖模式:在该 IMTA 系统内,大叶藻及菲律宾蛤仔来自自然环境,大叶藻可以为海胆和鲍提供食物,同时为其他的底栖生物或者游泳生物提供隐蔽场所。海参可以摄食鲍及菲律宾蛤仔的粪便,同时也摄食自然产生的有机沉积物,所有这些动物所产生的氨态氮能够被大叶藻及浮游植物所吸收利用,浮游植物可为菲律宾蛤仔提供食物。很重要的一点是,大叶藻及浮游植物可以为该系统提供溶解氧。该 IMTA 系统位于桑沟湾南部湾口的楮岛海域,总面积为 665 公顷,该海域底部主要的沉积物为淤沙,而桑沟湾其他海底表层主要为黏土,底播养殖的主要物种为海参、鲍、海胆、紫石房蛤及菲律宾蛤仔,分布在水下 5～15 m 处。同时在该海区,有大量自然分布的大叶藻及其他藻类,海藻覆盖面积约 400 公顷。每年春季,近 30 万粒海胆和 15 万粒鲍幼苗放至该区,其他种类为自然产生。2009 年,该示范海区共产出 1.5 t 的鲍和 20 t 的海参,180 t 的蛤仔,80 t 的紫石房蛤,2.5 t 的海胆,产出的经济价值约 10 450 元 / 公顷。

当前,我国渔业经济增长方式的转变正由"粗放型"向"节约型"转变,由"开发型"向"环境友好型"转变,由"单一型"向"多元型"转变,由"经验型"向"科技创新型"转变,依靠科技进步和提高劳动者素质,以提高经济效益为中心,向结构优化、规范经营、科技进步、科学管理要效益,逐步扩大渔业生产规模。海水多营养层次综合养殖正是这种模式转变最好的方式,它正在担起调整结构、转变增长方式的重任,也必将引领第 6 次海水养殖产业发展浪潮。

二、基于生态系统管理的海水养殖

生态管理的概念最先是由英国生态学家 A. G. Tansey 于 1935 年提出的。但关于什么是生态系统管理,因研究对象、目的和专业角度的不同而产生了不同的定义和内涵。如 Agee(1988)指出,生态系统管理指调控生态系统内部结构和功能、输入和输出,使其达到社会所期望的状态;Verbay(1992)则指出,生态系统管理指精心巧妙地利用生态学、经济学、社会学以及管理学原理,来长期经营管理生态系统的生产、恢复或维持生态系统的整体性和所期望的状态、利用、产品、价值和服务。生态系统管理的主要目的是通过调整生态系统的物理、化学和生物过程,保障生态系统的生态完整性和功能的可持续性(William, 2005)。

随着人们的环境保护意识的增强,海水养殖的环境效应和管理问题已引起了社会的广泛关注,海水养殖的管理不再仅仅是通过开发资源以获取最高产量,而应该采取切实可行的步骤,从传统的海水养殖管理转变到基于生态系统的海水养殖管理,将海水养殖纳入生态系统管理以保障养殖业的可持续发展。对海水养殖系统实施生态管理首先要了解其价值特征,这样才能更好地实施生态管理。基于生态系统水平的海水养殖,就是将海水养殖活动与生态可持续发展协调起来,综合考虑生态系统中的生物、非生物和人类之间的相互作用,从而实现不同社会目标之间的最佳平衡。生态系统水平的海水养殖特别强调不同养殖品种之间的配比、不同养殖模式之间的平衡以及养殖活动与环境条件之间的协调和统一;并以此为技术手段,实现水产养殖业投入产出比的最大化以及环境影响的良性化。在具体实施过程中:① 管理活动必须综合考虑生态、经济、社会和体制等各方面因素;② 管理对象主要是对海水养殖生态系统造成影响的海水养殖活动,而不是海水养殖生态系统本身;③ 管理目标是维持海水养殖生态系统的健康和可持续利用。

附　录

各变量间的主要关系式

1. *Production*

Goods production

Production[mode_1, species_X] (t) = Production[mode_1, species_X] ($t - \mathrm{d}t$) +
　(Culture[mode_1, species_X] − Harvest[mode_1, species_X]) * dt

INIT Production[mode_1, species_X] = 0

Production[mode_1, species_Y] (t) = Production[mode_1, species_Y] ($t - \mathrm{d}t$) +
　(Culture[mode_1, species_Y] − Harvest[mode_1, species_Y]) * dt

INIT Production[mode_1, species_Y] = 0

Production[mode_1, species_Z] (t) = Production[mode_1, species_Z] ($t - \mathrm{d}t$) +
　(Culture[mode_1, species_Z] − Harvest[mode_1, species_Z]) * dt

INIT Production[mode_1, species_Z] = 0

Production[mode_2, species_X] (t) = Production[mode_2, species_X] ($t - \mathrm{d}t$) +
　(Culture[mode_2, species_X] − Harvest[mode_2, species_X]) * dt

INIT Production[mode_2, species_X] = 0

Production[mode_2, species_Y] (t) = Production[mode_2, species_Y] ($t - \mathrm{d}t$) +
　(Culture[mode_2, species_Y] − Harvest[mode_2, species_Y]) * dt

INIT Production[mode_2, species_Y] = 0

Production[mode_2, species_Z] (t) = Production[mode_2, species_Z] ($t - \mathrm{d}t$) +
　(Culture[mode_2, species_Z] − Harvest[mode_2, species_Z]) * dt

INIT Production[mode_2, species_Z] = 0

Production[mode_3, species_X] (t) = Production[mode_3, species_X] ($t - \mathrm{d}t$) +
　(Culture[mode_3, species_X] − Harvest[mode_3, species_X]) * dt

INIT Production[mode_3, species_X] = 0

Production[mode_3, species_Y] (t) = Production[mode_3, species_Y] (t − dt) +
   (Culture[mode_3, species_Y] − Harvest[mode_3, species_Y]) * dt

INIT Production[mode_3, species_Y] = 0

Production[mode_3, species_Z] (t) = Production[mode_3, species_Z] (t − dt) +
   (Culture[mode_3, species_Z] − Harvest[mode_3, species_Z]) * dt

INIT Production[mode_3, species_Z] = 0

Production[mode_4, species_X] (t) = Production[mode_4, species_X] (t − dt) +
   (Culture[mode_4, species_X] − Harvest[mode_4, species_X]) * dt

INIT Production[mode_4, species_X] = 0

Production[mode_4, species_Y] (t) = Production[mode_4, species_Y] (t − dt) +
   (Culture[mode_4, species_Y] − Harvest[mode_4, species_Y]) * dt

INIT Production[mode_4, species_Y] = 0

Production[mode_4, species_Z] (t) = Production[mode_4, species_Z] (t − dt) +
   (Culture[mode_4, species_Z] − Harvest[mode_4, species_Z]) * dt

INIT Production[mode_4, species_Z] = 0

Production[mode_5, species_X] (t) = Production[mode_5, species_X] (t − dt) +
   (Culture[mode_5, species_X] − Harvest[mode_5, species_X]) * dt

INIT Production[mode_5, species_X] = 0

Production[mode_5, species_Y] (t) = Production[mode_5, species_Y] (t − dt) +
   (Culture[mode_5, species_Y] − Harvest[mode_5, species_Y]) * dt

INIT Production[mode_5, species_Y] = 0

Production[mode_5, species_Z] (t) = Production[mode_5, species_Z] (t − dt) +
   (Culture[mode_5, species_Z] − Harvest[mode_5, species_Z]) * dt

INIT Production[mode_5, species_Z] = 0

Production[mode_6, species_X] (t) = Production[mode_6, species_X] (t − dt) +
   (Culture[mode_6, species_X] − Harvest[mode_6, species_X]) * dt

INIT Production[mode_6, species_X] = 0

Production[mode_6, species_Y] (t) = Production[mode_6, species_Y] (t − dt) +
   (Culture[mode_6, species_Y] − Harvest[mode_6, species_Y]) * dt

INIT Production[mode_6, species_Y] = 0

Production[mode_6, species_Z] (t) = Production[mode_6, species_Z] (t − dt) +
   (Culture[mode_6, species_Z] − Harvest[mode_6, species_Z]) * dt

INIT Production[mode_6, species_Z] = 0

Production[mode_7, species_X]（t）= Production[mode_7, species_X]（t − dt）+
　（Culture[mode_7, species_X] − Harvest[mode_7, species_X]）* dt

INIT Production[mode_7, species_X] = 0

Production[mode_7, species_Y]（t）= Production[mode_7, species_Y]（t − dt）+
　（Culture[mode_7, species_Y] − Harvest[mode_7, species_Y]）* dt

INIT Production[mode_7, species_Y] = 0

Production[mode_7, species_Z]（t）= Production[mode_7, species_Z]（t − dt）+
　（Culture[mode_7, species_Z] − Harvest[mode_7, species_Z]）* dt

INIT Production[mode_7, species_Z] = 0

INFLOWS：

Culture[mode_1, species_X] = Seedling_number[mode_1, species_X]*Seedling_
　survial_rate[mode_1, species_X]

Culture[mode_1, species_Y] = Seedling_number[mode_1, species_Y]*Seedling_
　survial_rate[mode_1, species_Y]

Culture[mode_1, species_Z] = Seedling_number[mode_1, species_Z]*Seedling_
　survial_rate[mode_1, species_Z]

Culture[mode_2, species_X] = Seedling_number[mode_2, species_X]*Seedling_
　survial_rate[mode_2, species_X]

Culture[mode_2, species_Y] = Seedling_number[mode_2, species_Y]*Seedling_
　survial_rate[mode_2, species_Y]

Culture[mode_2, species_Z] = Seedling_number[mode_2, species_Z]*Seedling_
　survial_rate[mode_2, species_Z]

Culture[mode_3, species_X] = Seedling_number[mode_3, species_X]*Seedling_
　survial_rate[mode_3, species_X]

Culture[mode_3, species_Y] = Seedling_number[mode_3, species_Y]*Seedling_
　survial_rate[mode_3, species_Y]

Culture[mode_3, species_Z] = Seedling_number[mode_3, species_Z]*Seedling_
　survial_rate[mode_3, species_Z]

Culture[mode_4, species_X] = Seedling_number[mode_4, species_X]*Seedling_
　survial_rate[mode_4, species_X]

Culture[mode_4, species_Y] = Seedling_number[mode_4, species_Y]*Seedling_survial_rate[mode_4, species_Y]

Culture[mode_4, species_Z] = Seedling_number[mode_4, species_Z]*Seedling_survial_rate[mode_4, species_Z]

Culture[mode_5, species_X] = Seedling_number[mode_5, species_X]*Seedling_survial_rate[mode_5, species_X]

Culture[mode_5, species_Y] = Seedling_number[mode_5, species_Y]*Seedling_survial_rate[mode_5, species_Y]

Culture[mode_5, species_Z] = Seedling_number[mode_5, species_Z]*Seedling_survial_rate[mode_5, species_Z]

Culture[mode_6, species_X] = Seedling_number[mode_6, species_X]*Seedling_survial_rate[mode_6, species_X]

Culture[mode_6, species_Y] = Seedling_number[mode_6, species_Y]*Seedling_survial_rate[mode_6, species_Y]

Culture[mode_6, species_Z] = Seedling_number[mode_6, species_Z]*Seedling_survial_rate[mode_6, species_Z]

Culture[mode_7, species_X] = Seedling_number[mode_7, species_X]*Seedling_survial_rate[mode_7, species_X]

Culture[mode_7, species_Y] = Seedling_number[mode_7, species_Y]*Seedling_survial_rate[mode_7, species_Y]

Culture[mode_7, species_Z] = Seedling_number[mode_7, species_Z]*Seedling_survial_rate[mode_7, species_Z]

OUTFLOWS:

Harvest[mode_1, species_X] = Production[mode_1, species_X]*hWW_per_number[mode_1, species_X]*Production_limits[mode_1, species_X]

Harvest[mode_1, species_Y] = Production[mode_1, species_Y]*hWW_per_number[mode_1, species_Y]*Production_limits[mode_1, species_Y]

Harvest[mode_1, species_Z] = Production[mode_1, species_Z]*hWW_per_number[mode_1, species_Z]*Production_limits[mode_1, species_Z]

Harvest[mode_2, species_X] = Production[mode_2, species_X]*hWW_per_number[mode_2, species_X]*Production_limits[mode_2, species_X]

$Harvest[mode\_2, species\_Y] = Production[mode\_2, species\_Y]*hWW\_per\_number[mode\_2, species\_Y]*Production\_limits[mode\_2, species\_Y]$

$Harvest[mode\_2, species\_Z] = Production[mode\_2, species\_Z]*hWW\_per\_number[mode\_2, species\_Z]*Production\_limits[mode\_2, species\_Z]$

$Harvest[mode\_3, species\_X] = Production[mode\_3, species\_X]*hWW\_per\_number[mode\_3, species\_X]*Production\_limits[mode\_3, species\_X]$

$Harvest[mode\_3, species\_Y] = Production[mode\_3, species\_Y]*hWW\_per\_number[mode\_3, species\_Y]*Production\_limits[mode\_3, species\_Y]$

$Harvest[mode\_3, species\_Z] = Production[mode\_3, species\_Z]*hWW\_per\_number[mode\_3, species\_Z]*Production\_limits[mode\_3, species\_Z]$

$Harvest[mode\_4, species\_X] = Production[mode\_4, species\_X]*hWW\_per\_number[mode\_4, species\_X]*Production\_limits[mode\_4, species\_X]$

$Harvest[mode\_4, species\_Y] = Production[mode\_4, species\_Y]*hWW\_per\_number[mode\_4, species\_Y]*Production\_limits[mode\_4, species\_Y]$

$Harvest[mode\_4, species\_Z] = Production[mode\_4, species\_Z]*hWW\_per\_number[mode\_4, species\_Z]*Production\_limits[mode\_4, species\_Z]$

$Harvest[mode\_5, species\_X] = Production[mode\_5, species\_X]*hWW\_per\_number[mode\_5, species\_X]*Production\_limits[mode\_5, species\_X]$

$Harvest[mode\_5, species\_Y] = Production[mode\_5, species\_Y]*hWW\_per\_number[mode\_5, species\_Y]*Production\_limits[mode\_5, species\_Y]$

$Harvest[mode\_5, species\_Z] = Production[mode\_5, species\_Z]*hWW\_per\_number[mode\_5, species\_Z]*Production\_limits[mode\_5, species\_Z]$

$Harvest[mode\_6, species\_X] = Production[mode\_6, species\_X]*hWW\_per\_number[mode\_6, species\_X]*Production\_limits[mode\_6, species\_X]$

$Harvest[mode\_6, species\_Y] = Production[mode\_6, species\_Y]*hWW\_per\_number[mode\_6, species\_Y]*Production\_limits[mode\_6, species\_Y]$

$Harvest[mode\_6, species\_Z] = Production[mode\_6, species\_Z]*hWW\_per\_number[mode\_6, species\_Z]*Production\_limits[mode\_6, species\_Z]$

$Harvest[mode\_7, species\_X] = Production[mode\_7, species\_X]*hWW\_per\_number[mode\_7, species\_X]*Production\_limits[mode\_7, species\_X]$

$Harvest[mode\_7, species\_Y] = Production[mode\_7, species\_Y]*hWW\_per\_number[mode\_7, species\_Y]/2*Production\_limits[mode\_7, species\_Y]$

Harvest[mode_7, species_Z] = Production[mode_7, species_Z]*hWW_per_number[mode_7, species_Z]/2*Production_limits[mode_7, species_Z]

Seedling_number[mode_1, species_X] = rope_or_cage_density_per_PU[mode_1, species_X]*Seedling_density_per_rope_or_cage[mode_1, species_X]

Seedling_number[mode_1, species_Y] = rope_or_cage_density_per_PU[mode_1, species_Y]*Seedling_density_per_rope_or_cage[mode_1, species_Y]

Seedling_number[mode_1, species_Z] = rope_or_cage_density_per_PU[mode_1, species_Z]*Seedling_density_per_rope_or_cage[mode_1, species_Z]

Seedling_number[mode_2, species_X] = rope_or_cage_density_per_PU[mode_2, species_X]*Seedling_density_per_rope_or_cage[mode_2, species_X]

Seedling_number[mode_2, species_Y] = rope_or_cage_density_per_PU[mode_2, species_Y]*Seedling_density_per_rope_or_cage[mode_2, species_Y]

Seedling_number[mode_2, species_Z] = rope_or_cage_density_per_PU[mode_2, species_Z]*Seedling_density_per_rope_or_cage[mode_2, species_Z]

Seedling_number[mode_3, species_X] = rope_or_cage_density_per_PU[mode_3, species_X]*Seedling_density_per_rope_or_cage[mode_3, species_X]

Seedling_number[mode_3, species_Y] = rope_or_cage_density_per_PU[mode_3, species_Y]*Seedling_density_per_rope_or_cage[mode_3, species_Y]

Seedling_number[mode_3, species_Z] = rope_or_cage_density_per_PU[mode_3, species_Z]*Seedling_density_per_rope_or_cage[mode_3, species_Z]

Seedling_number[mode_4, species_X] = rope_or_cage_density_per_PU[mode_4, species_X]*Seedling_density_per_rope_or_cage[mode_4, species_X]

Seedling_number[mode_4, species_Y] = rope_or_cage_density_per_PU[mode_4, species_Y]*Seedling_density_per_rope_or_cage[mode_4, species_Y]

Seedling_number[mode_4, species_Z] = rope_or_cage_density_per_PU[mode_4, species_Z]*Seedling_density_per_rope_or_cage[mode_4, species_Z]

Seedling_number[mode_5, species_X] = rope_or_cage_density_per_PU[mode_5, species_X]*Seedling_density_per_rope_or_cage[mode_5, species_X]

Seedling_number[mode_5, species_Y] = rope_or_cage_density_per_PU[mode_5, species_Y]*Seedling_density_per_rope_or_cage[mode_5, species_Y]

Seedling_number[mode_5, species_Z] = rope_or_cage_density_per_PU[mode_5, species_Z]*Seedling_density_per_rope_or_cage[mode_5, species_Z]

Seedling_number[mode_6, species_X] = rope_or_cage_density_per_PU[mode_6, species_X]*Seedling_density_per_rope_or_cage[mode_6, species_X]

Seedling_number[mode_6, species_Y] = rope_or_cage_density_per_PU[mode_6, species_Y]*Seedling_density_per_rope_or_cage[mode_6, species_Y]

Seedling_number[mode_6, species_Z] = rope_or_cage_density_per_PU[mode_6, species_Z]*Seedling_density_per_rope_or_cage[mode_6, species_Z]

Seedling_number[mode_7, species_X] = rope_or_cage_density_per_PU[mode_7, species_X]*Seedling_density_per_rope_or_cage[mode_7, species_X]

Seedling_number[mode_7, species_Y] = rope_or_cage_density_per_PU[mode_7, species_Y]*Seedling_density_per_rope_or_cage[mode_7, species_Y]

Seedling_number[mode_7, species_Z] = rope_or_cage_density_per_PU[mode_7, species_Z]*Seedling_density_per_rope_or_cage[mode_7, species_Z]

Growth limiting factor

growth_temp[mode_1, species_X] = MAX（Aver_temp_in_SGB[mode_1, species_X], after_Temp[mode_1, species_X]）

growth_temp[mode_1, species_Y] = MAX（Aver_temp_in_SGB[mode_1, species_Y], after_Temp[mode_1, species_Y]）

growth_temp[mode_1, species_Z] = MAX（Aver_temp_in_SGB[mode_1, species_Z], after_Temp[mode_1, species_Z]）

growth_temp[mode_2, species_X] = MAX（Aver_temp_in_SGB[mode_2, species_X], after_Temp[mode_2, species_X]）

growth_temp[mode_2, species_Y] = MAX（Aver_temp_in_SGB[mode_2, species_Y], after_Temp[mode_2, species_Y]）

growth_temp[mode_2, species_Z] = MAX（Aver_temp_in_SGB[mode_2, species_Z], after_Temp[mode_2, species_Z]）

growth_temp[mode_3, species_X] = MAX（Aver_temp_in_SGB[mode_3, species_X], after_Temp[mode_3, species_X]）

growth_temp[mode_3, species_Y] = MAX（Aver_temp_in_SGB[mode_3, species_Y], after_Temp[mode_3, species_Y]）

growth_temp[mode_3, species_Z] = MAX（Aver_temp_in_SGB[mode_3, species_Z], after_Temp[mode_3, species_Z]） growth_temp[mode_4, species_X] = MAX（Aver_temp_in_SGB[mode_4, species_X]，after_Temp[mode_4, species_X]）

growth_temp[mode_4, species_Y] = MAX（Aver_temp_in_SGB[mode_4, species_Y]，after_Temp[mode_4, species_Y]）

growth_temp[mode_4, species_Z] = MAX（Aver_temp_in_SGB[mode_4, species_Z]，after_Temp[mode_4, species_Z]）

growth_temp[mode_5, species_X] = MAX（Aver_temp_in_SGB[mode_5, species_X]，after_Temp[mode_5, species_X]）

growth_temp[mode_5, species_Y] = MAX（Aver_temp_in_SGB[mode_5, species_Y]，after_Temp[mode_5, species_Y]）

growth_temp[mode_5, species_Z] = MAX（Aver_temp_in_SGB[mode_5, species_Z]，after_Temp[mode_5, species_Z]）

growth_temp[mode_6, species_X] = MAX（Aver_temp_in_SGB[mode_6, species_X]，after_Temp[mode_6, species_X]）

growth_temp[mode_6, species_Y] = MAX（Aver_temp_in_SGB[mode_6, species_Y]，after_Temp[mode_6, species_Y]）

growth_temp[mode_6, species_Z] = MAX（Aver_temp_in_SGB[mode_6, species_Z]，after_Temp[mode_6, species_Z]）

growth_temp[mode_7, species_X] = MAX（Aver_temp_in_SGB[mode_7, species_X]，after_Temp[mode_7, species_X]）

growth_temp[mode_7, species_Y] = MAX（Aver_temp_in_SGB[mode_7, species_Y]，after_Temp[mode_7, species_Y]）

growth_temp[mode_7, species_Z] = MAX（Aver_temp_in_SGB[mode_7, species_Z]，after_Temp[mode_7, species_Z]）

K[mode_1, species_X] = 1.87*e^（−0.473*Culturing_depth[mode_1, species_X]）

K[mode_1, species_Y] = 1.87*e^（−0.473*Culturing_depth[mode_1, species_Y]）

K[mode_1, species_Z] = 1.87*e^（−0.473*Culturing_depth[mode_1, species_Z]）

K[mode_2, species_X] = 1.87*e^（−0.473*Culturing_depth[mode_2, species_X]）

K[mode_2, species_Y] = 1.87*e^（−0.473*Culturing_depth[mode_2, species_Y]）

K[mode_2, species_Z] = 1.87*e^（−0.473*Culturing_depth[mode_2, species_Z]）

K[mode_3, species_X] = 1.87*eˆ(−0.473*Culturing_depth[mode_3, species_X])

K[mode_3, species_Y] = 1.87*eˆ(−0.473*Culturing_depth[mode_3, species_Y])

K[mode_3, species_Z] = 1.87*eˆ(−0.473*Culturing_depth[mode_3, species_Z])

K[mode_4, species_X] = 1.87*eˆ(−0.473*Culturing_depth[mode_4, species_X])

K[mode_4, species_Y] = 1.87*eˆ(−0.473*Culturing_depth[mode_4, species_Y])

K[mode_4, species_Z] = 1.87*eˆ(−0.473*Culturing_depth[mode_4, species_Z])

K[mode_5, species_X] = 1.87*eˆ(−0.473*Culturing_depth[mode_5, species_X])

K[mode_5, species_Y] = 1.87*eˆ(−0.473*Culturing_depth[mode_5, species_Y])

K[mode_5, species_Z] = 1.87*eˆ(−0.473*Culturing_depth[mode_5, species_Z])

K[mode_6, species_X] = 1.87*eˆ(−0.473*Culturing_depth[mode_6, species_X])

K[mode_6, species_Y] = 1.87*eˆ(−0.473*Culturing_depth[mode_6, species_Y])

K[mode_6, species_Z] = 1.87*eˆ(−0.473*Culturing_depth[mode_6, species_Z])

K[mode_7, species_X] = 1.87*eˆ(−0.473*Culturing_depth[mode_7, species_X])

K[mode_7, species_Y] = 1.87*eˆ(−0.473*Culturing_depth[mode_7, species_Y])

K[mode_7, species_Z] = 1.87*eˆ(−0.473*Culturing_depth[mode_7, species_Z])

Light_if[mode_1, species_X] = IF Light_to_culturing_depth[mode_1, species_X]>Imax[mode_1, species_X] OR Light_to_culturing_depth[mode_1, species_X]<Imin[mode_1, species_X] THEN 0 ELSE 1−ABS((Light_to_culturing_depth[mode_1, species_X]−Iopt[mode_1, species_X])/(Light_to_culturing_depth[mode_1, species_X]+Iopt[mode_1, species_X]))

Light_if[mode_1, species_Y] = IF Light_to_culturing_depth[mode_1, species_Y]>Imax[mode_1, species_Y] OR Light_to_culturing_depth[mode_1, species_Y]<Imin[mode_1, species_Y] THEN 0 ELSE 1−ABS((Light_to_culturing_depth[mode_1, species_Y]−Iopt[mode_1, species_Y])/(Light_to_culturing_depth[mode_1, species_Y]+Iopt[mode_1, species_Y]))

Light_if[mode_1, species_Z] = IF Light_to_culturing_depth[mode_1, species_Z]>Imax[mode_1, species_Z] OR Light_to_culturing_depth[mode_1, species_Z]<Imin[mode_1, species_Z] THEN 0 ELSE 1−ABS((Light_to_culturing_depth[mode_1, species_Z]−Iopt[mode_1, species_Z])/(Light_to_culturing_depth[mode_1, species_Z]+Iopt[mode_1, species_Z]))

Light_if[mode_2, species_X] = IF Light_to_culturing_depth[mode_2, species_X]>Imax[mode_2, species_X] OR Light_to_culturing_depth[mode_2, species_

X] < Imin[mode_2, species_X] THEN 0 ELSE 1 − ABS（（Light_to_culturing_depth[mode_2, species_X] − Iopt[mode_2, species_X]）/（Light_to_culturing_depth[mode_2, species_X] + Iopt[mode_2, species_X]））

Light_if[mode_2, species_Y] = IF Light_to_culturing_depth[mode_2, species_Y] > Imax[mode_2, species_Y] OR Light_to_culturing_depth[mode_2, species_Y] < Imin[mode_2, species_Y] THEN 0 ELSE 1 − ABS（（Light_to_culturing_depth[mode_2, species_Y] − Iopt[mode_2, species_Y]）/（Light_to_culturing_depth[mode_2, species_Y] + Iopt[mode_2, species_Y]））

Light_if[mode_2, species_Z] = IF Light_to_culturing_depth[mode_2, species_Z] > Imax[mode_2, species_Z] OR Light_to_culturing_depth[mode_2, species_Z] < Imin[mode_2, species_Z] THEN 0 ELSE 1 − ABS（（Light_to_culturing_depth[mode_2, species_Z] − Iopt[mode_2, species_Z]）/（Light_to_culturing_depth[mode_2, species_Z] + Iopt[mode_2, species_Z]））

Light_if[mode_3, species_X] = IF Light_to_culturing_depth[mode_3, species_X] > Imax[mode_3, species_X] OR Light_to_culturing_depth[mode_3, species_X] < Imin[mode_3, species_X] THEN 0 ELSE 1 − ABS（（Light_to_culturing_depth[mode_3, species_X] − Iopt[mode_3, species_X]）/（Light_to_culturing_depth[mode_3, species_X] + Iopt[mode_3, species_X]））

Light_if[mode_3, species_Y] = IF Light_to_culturing_depth[mode_3, species_Y] > Imax[mode_3, species_Y] OR Light_to_culturing_depth[mode_3, species_Y] < Imin[mode_3, species_Y] THEN 0 ELSE 1 − ABS（（Light_to_culturing_depth[mode_3, species_Y] − Iopt[mode_3, species_Y]）/（Light_to_culturing_depth[mode_3, species_Y] + Iopt[mode_3, species_Y]））

Light_if[mode_3, species_Z] = IF Light_to_culturing_depth[mode_3, species_Z] > Imax[mode_3, species_Z] OR Light_to_culturing_depth[mode_3, species_Z] < Imin[mode_3, species_Z] THEN 0 ELSE 1 − ABS（（Light_to_culturing_depth[mode_3, species_Z] − Iopt[mode_3, species_Z]）/（Light_to_culturing_depth[mode_3, species_Z] + Iopt[mode_3, species_Z]））

Light_if[mode_4, species_X] = IF Light_to_culturing_depth[mode_4, species_X] > Imax[mode_4, species_X] OR Light_to_culturing_depth[mode_4, species_X] < Imin[mode_4, species_X] THEN 0 ELSE 1 − ABS（（Light_to_culturing_depth[mode_4, species_X] − Iopt[mode_4, species_X]）/（Light_to_culturing_ depth[mode_4, species_X]+Iopt[mode_4, species_X]))

Light_if[mode_4, species_Y] = IF Light_to_culturing_depth[mode_4, species_Y]>Imax[mode_4, species_Y] OR Light_to_culturing_depth[mode_4, species_Y]<Imin[mode_4, species_Y] THEN 0 ELSE 1−ABS((Light_to_culturing_depth[mode_4, species_Y]−Iopt[mode_4, species_Y]) / (Light_to_culturing_depth[mode_4, species_Y]+Iopt[mode_4, species_Y]))

Light_if[mode_4, species_Z] = IF Light_to_culturing_depth[mode_4, species_Z]>Imax[mode_4, species_Z] OR Light_to_culturing_depth[mode_4, species_Z]<Imin[mode_4, species_Z] THEN 0 ELSE 1−ABS((Light_to_culturing_depth[mode_4, species_Z]−Iopt[mode_4, species_Z]) / (Light_to_culturing_depth[mode_4, species_Z]+Iopt[mode_4, species_Z]))

Light_if[mode_5, species_X] = IF Light_to_culturing_depth[mode_5, species_X]>Imax[mode_5, species_X] OR Light_to_culturing_depth[mode_5, species_X]<Imin[mode_5, species_X] THEN 0 ELSE 1−ABS((Light_to_culturing_depth[mode_5, species_X]−Iopt[mode_5, species_X]) / (Light_to_culturing_depth[mode_5, species_X]+Iopt[mode_5, species_X]))

Light_if[mode_5, species_Y] = IF Light_to_culturing_depth[mode_5, species_Y]>Imax[mode_5, species_Y] OR Light_to_culturing_depth[mode_5, species_Y]<Imin[mode_5, species_Y] THEN 0 ELSE 1−ABS((Light_to_culturing_depth[mode_5, species_Y]−Iopt[mode_5, species_Y]) / (Light_to_culturing_depth[mode_5, species_Y]+Iopt[mode_5, species_Y]))

Light_if[mode_5, species_Z] = IF Light_to_culturing_depth[mode_5, species_Z]>Imax[mode_5, species_Z] OR Light_to_culturing_depth[mode_5, species_Z]<Imin[mode_5, species_Z] THEN 0 ELSE 1−ABS((Light_to_culturing_depth[mode_5, species_Z]−Iopt[mode_5, species_Z]) / (Light_to_culturing_depth[mode_5, species_Z]+Iopt[mode_5, species_Z]))

Light_if[mode_6, species_X] = IF Light_to_culturing_depth[mode_6, species_X]>Imax[mode_6, species_X] OR Light_to_culturing_depth[mode_6, species_X]<Imin[mode_6, species_X] THEN 0 ELSE 1−ABS((Light_to_culturing_depth[mode_6, species_X]−Iopt[mode_6, species_X]) / (Light_to_culturing_depth[mode_6, species_X]+Iopt[mode_6, species_X]))

Light_if[mode_6, species_Y] = IF Light_to_culturing_depth[mode_6, species_

Y]>Imax[mode_6, species_Y] OR Light_to_culturing_depth[mode_6, species_Y]<Imin[mode_6, species_Y] THEN 0 ELSE 1−ABS ((Light_to_culturing_depth[mode_6, species_Y]−Iopt[mode_6, species_Y]) / (Light_to_culturing_depth[mode_6, species_Y]+Iopt[mode_6, species_Y]))

Light_if[mode_6, species_Z] = IF Light_to_culturing_depth[mode_6, species_Z]>Imax[mode_6, species_Z] OR Light_to_culturing_depth[mode_6, species_Z]<Imin[mode_6, species_Z] THEN 0 ELSE 1−ABS ((Light_to_culturing_depth[mode_6, species_Z]−Iopt[mode_6, species_Z]) / (Light_to_culturing_depth[mode_6, species_Z]+Iopt[mode_6, species_Z]))

Light_if[mode_7, species_X] = IF Light_to_culturing_depth[mode_7, species_X]>Imax[mode_7, species_X] OR Light_to_culturing_depth[mode_7, species_X]<Imin[mode_7, species_X] THEN 0 ELSE 1−ABS ((Light_to_culturing_depth[mode_7, species_X]−Iopt[mode_7, species_X]) / (Light_to_culturing_depth[mode_7, species_X]+Iopt[mode_7, species_X]))

Light_if[mode_7, species_Y] = IF Light_to_culturing_depth[mode_7, species_Y]>Imax[mode_7, species_Y] OR Light_to_culturing_depth[mode_7, species_Y]<Imin[mode_7, species_Y] THEN 0 ELSE 1−ABS ((Light_to_culturing_depth[mode_7, species_Y]−Iopt[mode_7, species_Y]) / (Light_to_culturing_depth[mode_7, species_Y]+Iopt[mode_7, species_Y]))

Light_if[mode_7, species_Z] = IF Light_to_culturing_depth[mode_7, species_Z]>Imax[mode_7, species_Z] OR Light_to_culturing_depth[mode_7, species_Z]<Imin[mode_7, species_Z] THEN 0 ELSE 1−ABS ((Light_to_culturing_depth[mode_7, species_Z]−Iopt[mode_7, species_Z]) / (Light_to_culturing_depth[mode_7, species_Z]+Iopt[mode_7, species_Z]))

Light_to_culturing_depth[mode_1, species_X] = Surface_light[mode_1, species_X]*K[mode_1, species_X]

Light_to_culturing_depth[mode_1, species_Y] = Surface_light[mode_1, species_Y]*K[mode_1, species_Y]

Light_to_culturing_depth[mode_1, species_Z] = Surface_light[mode_1, species_Z]*K[mode_1, species_Z]

Light_to_culturing_depth[mode_2, species_X] = Surface_light[mode_2, species_X]*K[mode_2, species_X]

Light_to_culturing_depth[mode_2, species_Y] = Surface_light[mode_2, species_Y]*K[mode_2, species_Y]

Light_to_culturing_depth[mode_2, species_Z] = Surface_light[mode_2, species_Z]*K[mode_2, species_Z]

Light_to_culturing_depth[mode_3, species_X] = Surface_light[mode_3, species_X]*K[mode_3, species_X]

Light_to_culturing_depth[mode_3, species_Y] = Surface_light[mode_3, species_Y]*K[mode_3, species_Y]

Light_to_culturing_depth[mode_3, species_Z] = Surface_light[mode_3, species_Z]*K[mode_3, species_Z]

Light_to_culturing_depth[mode_4, species_X] = Surface_light[mode_4, species_X]*K[mode_4, species_X]

Light_to_culturing_depth[mode_4, species_Y] = Surface_light[mode_4, species_Y]*K[mode_4, species_Y]

Light_to_culturing_depth[mode_4, species_Z] = Surface_light[mode_4, species_Z]*K[mode_4, species_Z]

Light_to_culturing_depth[mode_5, species_X] = Surface_light[mode_5, species_X]*K[mode_5, species_X]

Light_to_culturing_depth[mode_5, species_Y] = Surface_light[mode_5, species_Y]*K[mode_5, species_Y]

Light_to_culturing_depth[mode_5, species_Z] = Surface_light[mode_5, species_Z]*K[mode_5, species_Z]

Light_to_culturing_depth[mode_6, species_X] = Surface_light[mode_6, species_X]*K[mode_6, species_X]

Light_to_culturing_depth[mode_6, species_Y] = Surface_light[mode_6, species_Y]*K[mode_6, species_Y]

Light_to_culturing_depth[mode_6, species_Z] = Surface_light[mode_6, species_Z]*K[mode_6, species_Z]

Light_to_culturing_depth[mode_7, species_X] = Surface_light[mode_7, species_X]*K[mode_7, species_X]

Light_to_culturing_depth[mode_7, species_Y] = Surface_light[mode_7, species_Y]*K[mode_7, species_Y]

Light_to_culturing_depth[mode_7, species_Z] = Surface_light[mode_7, species_Z]*K[mode_7, species_Z]

Nutrient_if[mode_1, species_X] = MIN (1, Nmin[mode_1, species_X]/ (Prod_potential[mode_1, species_X]*TN1[mode_1, species_X]))

Nutrient_if[mode_1, species_Y] = MIN (1, Nmin[mode_1, species_Y]/ (Prod_potential[mode_1, species_Y]*TN1[mode_1, species_Y]))

Nutrient_if[mode_1, species_Z] = MIN (1, Nmin[mode_1, species_Z]/ (Prod_potential[mode_1, species_Z]*TN1[mode_1, species_Z]))

Nutrient_if[mode_2, species_X] = MIN (1, Nmin[mode_2, species_X]/ (Prod_potential[mode_2, species_X]*TN1[mode_2, species_X]))

Nutrient_if[mode_2, species_Y] = MIN (1, Nmin[mode_2, species_Y]/ (Prod_potential[mode_2, species_Y]*TN1[mode_2, species_Y]))

Nutrient_if[mode_2, species_Z] = MIN (1, Nmin[mode_2, species_Z]/ (Prod_potential[mode_2, species_Z]*TN1[mode_2, species_Z]))

Nutrient_if[mode_3, species_X] = MIN (1, Nmin[mode_3, species_X]/ (Prod_potential[mode_3, species_X]*TN1[mode_3, species_X]))

Nutrient_if[mode_3, species_Y] = MIN (1, Nmin[mode_3, species_Y]/ (Prod_potential[mode_3, species_Y]*TN1[mode_3, species_Y]))

Nutrient_if[mode_3, species_Z] = MIN (1, Nmin[mode_3, species_Z]/ (Prod_potential[mode_3, species_Z]*TN1[mode_3, species_Z]))

Nutrient_if[mode_4, species_X] = MIN (1, Nmin[mode_4, species_X]/ (Prod_potential[mode_4, species_X]*TN1[mode_4, species_X]))

Nutrient_if[mode_4, species_Y] = MIN (1, Nmin[mode_4, species_Y]/ (Prod_potential[mode_4, species_Y]*TN1[mode_4, species_Y]))

Nutrient_if[mode_4, species_Z] = MIN (1, Nmin[mode_4, species_Z]/ (Prod_potential[mode_4, species_Z]*TN1[mode_4, species_Z]))

Nutrient_if[mode_5, species_X] = MIN (1, Nmin[mode_5, species_X]/ (Prod_potential[mode_5, species_X]*TN1[mode_5, species_X]))

Nutrient_if[mode_5, species_Y] = MIN (1, Nmin[mode_5, species_Y]/ (Prod_potential[mode_5, species_Y]*TN1[mode_5, species_Y]))

Nutrient_if[mode_5, species_Z] = MIN (1, Nmin[mode_5, species_Z]/ (Prod_potential[mode_5, species_Z]*TN1[mode_5, species_Z]))

Nutrient_if[mode_6, species_X] = MIN（1, Nmin[mode_6, species_X] /（Prod_potential[mode_6, species_X]＊TN1[mode_6, species_X]））

Nutrient_if[mode_6, species_Y] = MIN（1, Nmin[mode_6, species_Y] /（Prod_potential[mode_6, species_Y]＊TN1[mode_6, species_Y]））

Nutrient_if[mode_6, species_Z] = MIN（1, Nmin[mode_6, species_Z] /（Prod_potential[mode_6, species_Z]＊TN1[mode_6, species_Z]））

Nutrient_if[mode_7, species_X] = MIN（1, Nmin[mode_7, species_X] /（Prod_potential[mode_7, species_X]＊TN1[mode_7, species_X]））

Nutrient_if[mode_7, species_Y] = MIN（1, Nmin[mode_7, species_Y] /（Prod_potential[mode_7, species_Y]＊TN1[mode_7, species_Y]））

Nutrient_if[mode_7, species_Z] = MIN（1, Nmin[mode_7, species_Z] /（Prod_potential[mode_7, species_Z]＊TN1[mode_7, species_Z]））

Oxygen_if[mode_1, species_X] = IF DOsgb＞DOmax[mode_1, species_X] OR DOsgb＜DOmin[mode_1, species_X] THEN 0 ELSE ABS（（DOsgb－DOopt[mode_1, species_X]）/DOopt[mode_1, species_X]）

Oxygen_if[mode_1, species_Y] = IF DOsgb＞DOmax[mode_1, species_Y] OR DOsgb＜DOmin[mode_1, species_Y] THEN 0 ELSE ABS（（DOsgb－DOopt[mode_1, species_Y]）/DOopt[mode_1, species_Y]）

Oxygen_if[mode_1, species_Z] = IF DOsgb＞DOmax[mode_1, species_Z] OR DOsgb＜DOmin[mode_1, species_Z] THEN 0 ELSE ABS（（DOsgb－DOopt[mode_1, species_Z]）/DOopt[mode_1, species_Z]）

Oxygen_if[mode_2, species_X] = IF DOsgb＞DOmax[mode_2, species_X] OR DOsgb＜DOmin[mode_2, species_X] THEN 0 ELSE ABS（（DOsgb－DOopt[mode_2, species_X]）/DOopt[mode_2, species_X]）

Oxygen_if[mode_2, species_Y] = IF DOsgb＞DOmax[mode_2, species_Y] OR DOsgb＜DOmin[mode_2, species_Y] THEN 0 ELSE ABS（（DOsgb－DOopt[mode_2, species_Y]）/DOopt[mode_2, species_Y]）

Oxygen_if[mode_2, species_Z] = IF DOsgb＞DOmax[mode_2, species_Z] OR DOsgb＜DOmin[mode_2, species_Z] THEN 0 ELSE ABS（（DOsgb－DOopt[mode_2, species_Z]）/DOopt[mode_2, species_Z]）

Oxygen_if[mode_3, species_X] = IF DOsgb＞DOmax[mode_3, species_X] OR DOsgb＜DOmin[mode_3, species_X] THEN 0 ELSE ABS

$$((DOsgb-DOopt[mode\_3, species\_X])\ /DOopt[mode\_3, species\_X])$$

Oxygen_if[mode_3, species_Y] = IF DOsgb>DOmax[mode_3, species_Y] OR DOsgb<DOmin[mode_3, species_Y] THEN 0 ELSE ABS ((DOsgb−DOopt[mode_3, species_Y])/DOopt[mode_3, species_Y])

Oxygen_if[mode_3, species_Z] = IF DOsgb>DOmax[mode_3, species_Z] OR DOsgb<DOmin[mode_3, species_Z] THEN 0 ELSE ABS ((DOsgb−DOopt[mode_3, species_Z])/DOopt[mode_3, species_Z])

Oxygen_if[mode_4, species_X] = IF DOsgb>DOmax[mode_4, species_X] OR DOsgb<DOmin[mode_4, species_X] THEN 0 ELSE ABS ((DOsgb−DOopt[mode_4, species_X])/DOopt[mode_4, species_X])

Oxygen_if[mode_4, species_Y] = IF DOsgb>DOmax[mode_4, species_Y] OR DOsgb<DOmin[mode_4, species_Y] THEN 0 ELSE ABS ((DOsgb−DOopt[mode_4, species_Y])/DOopt[mode_4, species_Y])

Oxygen_if[mode_4, species_Z] = IF DOsgb>DOmax[mode_4, species_Z] OR DOsgb<DOmin[mode_4, species_Z] THEN 0 ELSE ABS ((DOsgb−DOopt[mode_4, species_Z])/DOopt[mode_4, species_Z])

Oxygen_if[mode_5, species_X] = IF DOsgb>DOmax[mode_5, species_X] OR DOsgb<DOmin[mode_5, species_X] THEN 0 ELSE ABS ((DOsgb−DOopt[mode_5, species_X])/DOopt[mode_5, species_X])

Oxygen_if[mode_5, species_Y] = IF DOsgb>DOmax[mode_5, species_Y] OR DOsgb<DOmin[mode_5, species_Y] THEN 0 ELSE ABS ((DOsgb−DOopt[mode_5, species_Y])/DOopt[mode_5, species_Y])

Oxygen_if[mode_5, species_Z] = IF DOsgb>DOmax[mode_5, species_Z] OR DOsgb<DOmin[mode_5, species_Z] THEN 0 ELSE ABS ((DOsgb−DOopt[mode_5, species_Z])/DOopt[mode_5, species_Z])

Oxygen_if[mode_6, species_X] = IF DOsgb>DOmax[mode_6, species_X] OR DOsgb<DOmin[mode_6, species_X] THEN 0 ELSE ABS ((DOsgb−DOopt[mode_6, species_X])/DOopt[mode_6, species_X])

Oxygen_if[mode_6, species_Y] = IF DOsgb>DOmax[mode_6, species_Y] OR DOsgb<DOmin[mode_6, species_Y] THEN 0 ELSE ABS ((DOsgb−DOopt[mode_6, species_Y])/DOopt[mode_6, species_Y])

Oxygen_if[mode_6, species_Z] = IF DOsgb>DOmax[mode_6, species_

Z] OR DOsgb<DOmin[mode_6, species_Z] THEN 0 ELSE ABS
((DOsgb−DOopt[mode_6, species_Z]) /DOopt[mode_6, species_Z])

Oxygen_if[mode_7, species_X] = IF DOsgb>DOmax[mode_7, species_
X] OR DOsgb<DOmin[mode_7, species_X] THEN 0 ELSE ABS
((DOsgb−DOopt[mode_7, species_X]) /DOopt[mode_7, species_X])

Oxygen_if[mode_7, species_Y] = IF DOsgb>DOmax[mode_7, species_
Y] OR DOsgb<DOmin[mode_7, species_Y] THEN 0 ELSE ABS
((DOsgb−DOopt[mode_7, species_Y]) /DOopt[mode_7, species_Y])

Oxygen_if[mode_7, species_Z] = IF DOsgb>DOmax[mode_7, species_
Z] OR DOsgb<DOmin[mode_7, species_Z] THEN 0 ELSE ABS
((DOsgb−DOopt[mode_7, species_Z]) /DOopt[mode_7, species_Z])

Production_limits[mode_1, species_X] = (Light_if[mode_1, species_X]+Nutrient_
if[mode_1, species_X]+Oxygen_if[mode_1, species_X]+Temp_if[mode_1,
species_X]) /4

Production_limits[mode_1, species_Y] = (Light_if[mode_1, species_Y]+Nutrient_
if[mode_1, species_Y]+Oxygen_if[mode_1, species_Y]+Temp_if[mode_1,
species_Y]) /4

Production_limits[mode_1, species_Z] = (Light_if[mode_1, species_Z]+Nutrient_
if[mode_1, species_Z]+Oxygen_if[mode_1, species_Z]+Temp_if[mode_1,
species_Z]) /4

Production_limits[mode_2, species_X] = (Light_if[mode_2, species_X]+Nutrient_
if[mode_2, species_X]+Oxygen_if[mode_2, species_X]+Temp_if[mode_2,
species_X]) /4

Production_limits[mode_2, species_Y] = (Light_if[mode_2, species_Y]+Nutrient_
if[mode_2, species_Y]+Oxygen_if[mode_2, species_Y]+Temp_if[mode_2,
species_Y]) /4

Production_limits[mode_2, species_Z] = (Light_if[mode_2, species_Z]+Nutrient_
if[mode_2, species_Z]+Oxygen_if[mode_2, species_Z]+Temp_if[mode_2,
species_Z]) /4

Production_limits[mode_3, species_X] = (Light_if[mode_3, species_X]+Nutrient_
if[mode_3, species_X]+Oxygen_if[mode_3, species_X]+Temp_if[mode_3,
species_X]) /4

Production_limits[mode_3, species_Y] =（Light_if[mode_3, species_Y]+Nutrient_if[mode_3, species_Y]+Oxygen_if[mode_3, species_Y]+Temp_if[mode_3, species_Y]）/4

Production_limits[mode_3, species_Z] =（Light_if[mode_3, species_Z]+Nutrient_if[mode_3, species_Z]+Oxygen_if[mode_3, species_Z]+Temp_if[mode_3, species_Z]）/4

Production_limits[mode_4, species_X] =（Light_if[mode_4, species_X]+Nutrient_if[mode_4, species_X]+Oxygen_if[mode_4, species_X]+Temp_if[mode_4, species_X]）/4

Production_limits[mode_4, species_Y] =（Light_if[mode_4, species_Y]+Nutrient_if[mode_4, species_Y]+Oxygen_if[mode_4, species_Y]+Temp_if[mode_4, species_Y]）/4

Production_limits[mode_4, species_Z] =（Light_if[mode_4, species_Z]+Nutrient_if[mode_4, species_Z]+Oxygen_if[mode_4, species_Z]+Temp_if[mode_4, species_Z]）/4

Production_limits[mode_5, species_X] =（Light_if[mode_5, species_X]+Nutrient_if[mode_5, species_X]+Oxygen_if[mode_5, species_X]+Temp_if[mode_5, species_X]）/4

Production_limits[mode_5, species_Y] =（Light_if[mode_5, species_Y]+Nutrient_if[mode_5, species_Y]+Oxygen_if[mode_5, species_Y]+Temp_if[mode_5, species_Y]）/4

Production_limits[mode_5, species_Z] =（Light_if[mode_5, species_Z]+Nutrient_if[mode_5, species_Z]+Oxygen_if[mode_5, species_Z]+Temp_if[mode_5, species_Z]）/4

Production_limits[mode_6, species_X] =（Light_if[mode_6, species_X]+Nutrient_if[mode_6, species_X]+Oxygen_if[mode_6, species_X]+Temp_if[mode_6, species_X]）/4

Production_limits[mode_6, species_Y] =（Light_if[mode_6, species_Y]+Nutrient_if[mode_6, species_Y]+Oxygen_if[mode_6, species_Y]+Temp_if[mode_6, species_Y]）/4

Production_limits[mode_6, species_Z] =（Light_if[mode_6, species_Z]+Nutrient_if[mode_6, species_Z]+Oxygen_if[mode_6, species_Z]+Temp_if[mode_6, species_Z]）/4

Production_limits[mode_7, species_X] =（Light_if[mode_7, species_X]＋Nutrient_if[mode_7, species_X]＋Oxygen_if[mode_7, species_X]＋Temp_if[mode_7, species_X]）/4

Production_limits[mode_7, species_Y] =（Light_if[mode_7, species_Y]＋Nutrient_if[mode_7, species_Y]＋Oxygen_if[mode_7, species_Y]＋Temp_if[mode_7, species_Y]）/4

Production_limits[mode_7, species_Z] =（Light_if[mode_7, species_Z]＋Nutrient_if[mode_7, species_Z]＋Oxygen_if[mode_7, species_Z]＋Temp_if[mode_7, species_Z]）/4

Temp_if[mode_1, species_X] = IF growth_temp[mode_1, species_X]＞Tmax[mode_1, species_X] OR growth_temp[mode_1, species_X]＜Tmin[mode_1, species_X] THEN 0 ELSE 1－ABS（（（growth_temp[mode_1, species_X]－Topt[mode_1, species_X]）/（growth_temp[mode_1, species_X]＋Topt[mode_1, species_X]）））

Temp_if[mode_1, species_Y] = IF growth_temp[mode_1, species_Y]＞Tmax[mode_1, species_Y] OR growth_temp[mode_1, species_Y]＜Tmin[mode_1, species_Y] THEN 0 ELSE 1－ABS（（（growth_temp[mode_1, species_Y]－Topt[mode_1, species_Y]）/（growth_temp[mode_1, species_Y]＋Topt[mode_1, species_Y]）））

Temp_if[mode_1, species_Z] = IF growth_temp[mode_1, species_Z]＞Tmax[mode_1, species_Z] OR growth_temp[mode_1, species_X]＜Tmin[mode_1, species_Z] THEN 0 ELSE 1－ABS（（（growth_temp[mode_1, species_Z]－Topt[mode_1, species_Z]）/（growth_temp[mode_1, species_Z]＋Topt[mode_1, species_Z]）））

Temp_if[mode_2, species_X] = IF growth_temp[mode_2, species_X]＞Tmax[mode_2, species_X] OR growth_temp[mode_2, species_X]＜Tmin[mode_2, species_X] THEN 0 ELSE 1－ABS（（（growth_temp[mode_2, species_X]－Topt[mode_2, species_X]）/（growth_temp[mode_2, species_X]＋Topt[mode_2, species_X]）））

Temp_if[mode_2, species_Y] = IF growth_temp[mode_2, species_Y]＞Tmax[mode_2, species_Y] OR growth_temp[mode_2, species_

$Y] < Tmin[mode\_2, species\_Y]$ THEN 0 ELSE $1 - ABS(((growth\_temp[mode\_2, species\_Y] - Topt[mode\_2, species\_Y]) / (growth\_temp[mode\_2, species\_Y] + Topt[mode\_2, species\_Y])))$

$Temp\_if[mode\_2, species\_Z] = IF\ growth\_temp[mode\_2, species\_Z] > Tmax[mode\_2, species\_Z]\ OR\ growth\_temp[mode\_2, species\_Z] < Tmin[mode\_2, species\_Z]$ THEN 0 ELSE $1 - ABS(((growth\_temp[mode\_2, species\_Z] - Topt[mode\_2, species\_Z]) / (growth\_temp[mode\_2, species\_Z] + Topt[mode\_2, species\_Z])))$

$Temp\_if[mode\_3, species\_X] = IF\ growth\_temp[mode\_3, species\_X] > Tmax[mode\_3, species\_X]\ OR\ growth\_temp[mode\_3, species\_X] < Tmin[mode\_3, species\_X]$ THEN 0 ELSE $1 - ABS(((growth\_temp[mode\_3, species\_X] - Topt[mode\_3, species\_X]) / (growth\_temp[mode\_3, species\_X] + Topt[mode\_3, species\_X])))$

$Temp\_if[mode\_3, species\_Y] = IF\ growth\_temp[mode\_3, species\_Y] > Tmax[mode\_3, species\_Y]\ OR\ growth\_temp[mode\_3, species\_Y] < Tmin[mode\_3, species\_Y]$ THEN 0 ELSE $1 - ABS(((growth\_temp[mode\_3, species\_Y] - Topt[mode\_3, species\_Y]) / (growth\_temp[mode\_3, species\_Y] + Topt[mode\_3, species\_Y])))$

$Temp\_if[mode\_3, species\_Z] = IF\ growth\_temp[mode\_3, species\_Z] > Tmax[mode\_3, species\_Z]\ OR\ growth\_temp[mode\_3, species\_Z] < Tmin[mode\_3, species\_Z]$ THEN 0 ELSE $1 - ABS(((growth\_temp[mode\_3, species\_Z] - Topt[mode\_3, species\_Z]) / (growth\_temp[mode\_3, species\_Z] + Topt[mode\_3, species\_Z])))$

$Temp\_if[mode\_4, species\_X] = IF\ growth\_temp[mode\_4, species\_X] > Tmax[mode\_4, species\_X]\ OR\ growth\_temp[mode\_4, species\_X] < Tmin[mode\_4, species\_X]$ THEN 0 ELSE $1 - ABS(((growth\_temp[mode\_4, species\_X] - Topt[mode\_4, species\_X]) / (growth\_temp[mode\_4, species\_X] + Topt[mode\_4, species\_X])))$

$Temp\_if[mode\_4, species\_Y] = IF\ growth\_temp[mode\_4, species\_Y] > Tmax[mode\_4, species\_Y]\ OR\ growth\_temp[mode\_4, species\_Y] < Tmin[mode\_4, species\_Y]$ THEN 0 ELSE $1 - ABS(((growth_temp[mode_4, species_Y] - Topt[mode_4, species_Y]) / (growth_

temp[mode_4, species_Y] + Topt[mode_4, species_Y])))

Temp_if[mode_4, species_Z] = IF growth_temp[mode_4, species_Z] > Tmax[mode_4, species_Z] OR growth_temp[mode_4, species_Z] < Tmin[mode_4, species_Z] THEN 0 ELSE 1 − ABS(((growth_temp[mode_4, species_Z] − Topt[mode_4, species_Z]) / (growth_temp[mode_4, species_Z] + Topt[mode_4, species_Z])))

Temp_if[mode_5, species_X] = IF growth_temp[mode_5, species_X] > Tmax[mode_5, species_X] OR growth_temp[mode_5, species_X] < Tmin[mode_5, species_X] THEN 0 ELSE 1 − ABS(((growth_temp[mode_5, species_X] − Topt[mode_5, species_X]) / (growth_temp[mode_5, species_X] + Topt[mode_5, species_X])))

Temp_if[mode_5, species_Y] = IF growth_temp[mode_5, species_Y] > Tmax[mode_5, species_Y] OR growth_temp[mode_5, species_Y] < Tmin[mode_5, species_Y] THEN 0 ELSE 1 − ABS(((growth_temp[mode_5, species_Y] − Topt[mode_5, species_Y]) / (growth_temp[mode_5, species_Y] + Topt[mode_5, species_Y])))

Temp_if[mode_5, species_Z] = IF growth_temp[mode_5, species_Z] > Tmax[mode_5, species_Z] OR growth_temp[mode_5, species_Z] < Tmin[mode_5, species_Z] THEN 0 ELSE 1 − ABS(((growth_temp[mode_5, species_Z] − Topt[mode_5, species_Z]) / (growth_temp[mode_5, species_Z] + Topt[mode_5, species_Z])))

Temp_if[mode_6, species_X] = IF growth_temp[mode_6, species_X] > Tmax[mode_6, species_X] OR growth_temp[mode_6, species_X] < Tmin[mode_6, species_X] THEN 0 ELSE 1 − ABS(((growth_temp[mode_6, species_X] − Topt[mode_6, species_X]) / (growth_temp[mode_6, species_X] + Topt[mode_6, species_X])))

Temp_if[mode_6, species_Y] = IF growth_temp[mode_6, species_Y] > Tmax[mode_6, species_Y] OR growth_temp[mode_6, species_Y] < Tmin[mode_6, species_Y] THEN 0 ELSE 1 − ABS(((growth_temp[mode_6, species_Y] − Topt[mode_6, species_Y]) / (growth_temp[mode_6, species_Y] + Topt[mode_6, species_Y])))

Temp_if[mode_6, species_Z] = IF growth_temp[mode_6, species_

$Z]>\text{Tmax}[\text{mode\_6}, \text{species\_}Z]$ OR growth_temp$[\text{mode\_6}, \text{species\_}$ $Z]<\text{Tmin}[\text{mode\_6}, \text{species\_}Z]$ THEN 0 ELSE $1-\text{ABS}$ (((growth_ temp$[\text{mode\_6}, \text{species\_}Z]-\text{Topt}[\text{mode\_6}, \text{species\_}Z]$) / (growth_ temp$[\text{mode\_6}, \text{species\_}Z]+\text{Topt}[\text{mode\_6}, \text{species\_}Z]$)))

Temp_if$[\text{mode\_7}, \text{species\_}X]$ = IF growth_temp$[\text{mode\_7}, \text{species\_}$ $X]>\text{Tmax}[\text{mode\_7}, \text{species\_}X]$ OR growth_temp$[\text{mode\_7}, \text{species\_}$ $X]<\text{Tmin}[\text{mode\_7}, \text{species\_}X]$ THEN 0 ELSE $1-\text{ABS}$ (((growth_ temp$[\text{mode\_7}, \text{species\_}X]-\text{Topt}[\text{mode\_7}, \text{species\_}X]$) / (growth_ temp$[\text{mode\_7}, \text{species\_}X]+\text{Topt}[\text{mode\_7}, \text{species\_}X]$)))

Temp_if$[\text{mode\_7}, \text{species\_}Y]$ = IF growth_temp$[\text{mode\_7}, \text{species\_}$ $Y]>\text{Tmax}[\text{mode\_7}, \text{species\_}Y]$ OR growth_temp$[\text{mode\_7}, \text{species\_}$ $Y]<\text{Tmin}[\text{mode\_7}, \text{species\_}Y]$ THEN 0 ELSE $1-\text{ABS}$ (((growth_ temp$[\text{mode\_7}, \text{species\_}Y]-\text{Topt}[\text{mode\_7}, \text{species\_}Y]$) / (growth_ temp$[\text{mode\_7}, \text{species\_}Y]+\text{Topt}[\text{mode\_7}, \text{species\_}Y]$)))

Temp_if$[\text{mode\_7}, \text{species\_}Z]$ = IF growth_temp$[\text{mode\_7}, \text{species\_}$ $Z]>\text{Tmax}[\text{mode\_7}, \text{species\_}Z]$ OR growth_temp$[\text{mode\_7}, \text{species\_}$ $Z]<\text{Tmin}[\text{mode\_7}, \text{species\_}Z]$ THEN 0 ELSE $1-\text{ABS}$ (((growth_ temp$[\text{mode\_7}, \text{species\_}Z]-\text{Topt}[\text{mode\_7}, \text{species\_}Z]$) / (growth_ temp$[\text{mode\_7}, \text{species\_}Z]+\text{Topt}[\text{mode\_7}, \text{species\_}Z]$)))

2. *Service function*

Carbon（climate regulatiion）

C_stock$[\text{mode\_type}]$ (t) = C_stock$[\text{mode\_type}]$ $(t-\text{d}t)+($ Removed_C$[\text{mode\_}$ type$]$ + Intaked_C$[\text{mode\_type}]$ − Released_C$[\text{mode\_type}]$) $*\text{d}t$

INIT C_stock$[\text{mode\_type}]$ = 1

INFLOWS：

Removed_C$[\text{mode\_1}]$ = TC1$[\text{mode\_1}, \text{species\_}X]*$Tissue$[\text{mode\_1}, \text{species\_}$ $X]/0.16+\text{TC2}[\text{mode\_1}, \text{species\_}X]*$Shell$[\text{mode\_1}, \text{species\_}X]+\text{TC1}[\text{mode\_1},$ species_$Y]*$Tissue$[\text{mode\_1}, \text{species\_}Y]+\text{TC2}[\text{mode\_1}, \text{species\_}$ $Y]*$Shell$[\text{mode\_1}, \text{species\_}Y]+\text{TC1}[\text{mode\_1}, \text{species\_}Z]*$Tissue$[\text{mode\_1},$ species_$Z]+\text{TC2}[\text{mode\_1}, \text{species\_}Z]*$Shell$[\text{mode\_1}, \text{species\_}Z]$

Removed_C[mode_2] = TC1[mode_2, species_X]*Tissue[mode_2, species_X]+TC2[mode_2, species_X]*Shell[mode_2, species_X]+TC1[mode_2, species_Y]*Tissue[mode_2, species_Y]+TC2[mode_2, species_Y]*Shell[mode_2, species_Y]+TC1[mode_2, species_Z]*Tissue[mode_2, species_Z]+TC2[mode_2, species_Z]*Shell[mode_2, species_Z]

Removed_C[mode_3] = TC1[mode_3, species_X]*Tissue[mode_3, species_X]+TC2[mode_3, species_X]*Shell[mode_3, species_X]+TC1[mode_3, species_Y]*Tissue[mode_3, species_Y]+TC2[mode_3, species_Y]*Shell[mode_3, species_Y]+TC1[mode_3, species_Z]*Tissue[mode_3, species_Z]+TC2[mode_3, species_Z]*Shell[mode_3, species_Z]

Removed_C[mode_4] = TC1[mode_4, species_X]*Tissue[mode_4, species_X]/0.16+TC2[mode_4, species_X]*Shell[mode_4, species_X]+TC1[mode_4, species_Y]*Tissue[mode_4, species_Y]+TC2[mode_4, species_Y]*Shell[mode_4, species_Y]+TC1[mode_4, species_Z]*Tissue[mode_4, species_Z]+TC2[mode_4, species_Z]*Shell[mode_4, species_Z]

Removed_C[mode_5] = TC1[mode_5, species_X]*Tissue[mode_5, species_X]/0.16+TC2[mode_5, species_X]*Shell[mode_5, species_X]+TC1[mode_5, species_Y]*Tissue[mode_5, species_Y]+TC2[mode_5, species_Y]*Shell[mode_5, species_Y]+TC1[mode_5, species_Z]*Tissue[mode_5, species_Z]+TC2[mode_5, species_Z]*Shell[mode_5, species_Z]

Removed_C[mode_6] = TC1[mode_6, species_X]*Tissue[mode_6, species_X]/0.16+TC2[mode_6, species_X]*Shell[mode_6, species_X]+TC1[mode_6, species_Y]*Tissue[mode_6, species_Y]+TC2[mode_6, species_Y]*Shell[mode_6, species_Y]+TC1[mode_6, species_Z]*Tissue[mode_6, species_Z]+TC2[mode_6, species_Z]*Shell[mode_6, species_Z]

Removed_C[mode_7] = TC1[mode_7, species_X]*Tissue[mode_7, species_X]/0.16+TC2[mode_7, species_X]*Shell[mode_7, species_X]+TC1[mode_7, species_Y]*Tissue[mode_7, species_Y]+TC2[mode_7, species_Y]*Shell[mode_7, species_Y]+TC1[mode_7, species_Z]*Tissue[mode_7, species_Z]+TC2[mode_7, species_Z]*Shell[mode_7, species_Z]

Intaked_C[mode_1] = Culture[mode_1, species_X]*SediC[mode_1, species_X]+SediTaken[mode_1, species_X]+Culture[mode_1, species_Y]*SediC[mode_1, species_Y]+SediTaken[mode_1, species_Y]+Culture[mode_1, species_Z]*SediC[mode_1, species_Z]+SediTaken[mode_1, species_Z]

Intaked_C[mode_2] = Culture[mode_2, species_X]*SediC[mode_2, species_X]+SediTaken[mode_2, species_X]+Culture[mode_2, species_Y]*SediC[mode_2, species_Y]+SediTaken[mode_2, species_Y]+Culture[mode_2, species_Z]*SediC[mode_2, species_Z]+SediTaken[mode_2, species_Z]

Intaked_C[mode_3] = Culture[mode_3, species_X]*SediC[mode_3, species_X]+SediTaken[mode_3, species_X]+Culture[mode_3, species_Y]*SediC[mode_3, species_Y]+SediTaken[mode_3, species_Y]+Culture[mode_3, species_Z]*SediC[mode_3, species_Z]+SediTaken[mode_3, species_Z]

Intaked_C[mode_4] = Culture[mode_4, species_X]*SediC[mode_4, species_X]+SediTaken[mode_4, species_X]+Culture[mode_4, species_Y]*SediC[mode_4, species_Y]+SediTaken[mode_4, species_Y]+Culture[mode_4, species_Z]*SediC[mode_4, species_Z]+SediTaken[mode_4, species_Z]

Intaked_C[mode_5] = Culture[mode_5, species_X]*SediC[mode_5, species_X]+SediTaken[mode_5, species_X]+Culture[mode_5, species_Y]*SediC[mode_5, species_Y]+SediTaken[mode_5, species_Y]+Culture[mode_5, species_Z]*SediC[mode_5, species_Z]+SediTaken[mode_5, species_Z]

Intaked_C[mode_6] = Culture[mode_6, species_X]*SediC[mode_6, species_X]+SediTaken[mode_6, species_X]+Culture[mode_6, species_Y]*SediC[mode_6, species_Y]+SediTaken[mode_6, species_Y]+Culture[mode_6, species_Z]*SediC[mode_6, species_Z]+SediTaken[mode_6, species_Z]

Intaked_C[mode_7] = Culture[mode_7, species_X]*SediC[mode_7, species_X]+SediTaken[mode_7, species_X]+Culture[mode_7, species_Y]*SediC[mode_7, species_Y]+SediTaken[mode_7, species_Y]+Culture[mode_7, species_Z]*SediC[mode_7, species_

Z] + SediTaken[mode_7, species_Z]

OUTFLOWS:

Released_C[mode_1] = Consumed_O[mode_1]*C1

Released_C[mode_2] = Consumed_O[mode_2]*C1

Released_C[mode_3] = Consumed_O[mode_3]*C1

Released_C[mode_4] = Consumed_O[mode_4]*C1

Released_C[mode_5] = Consumed_O[mode_5]*C1

Released_C[mode_6] = Consumed_O[mode_6]*C1

Released_C[mode_7] = Consumed_O[mode_7]*C1

Nitrogen（waste treatment）

N_stock[mode_type]（t) = N_stock[mode_type]（t − dt) + (Removed_N[mode_type] + Intaked_N[mode_type] − Released_N[mode_type]) * dt

INIT N_stock[mode_type] = 1

INFLOWS:

Removed_N[mode_1] = TN1[mode_1, species_X]*Tissue[mode_1, species_X] + TN2[mode_1, species_X]*Shell[mode_1, species_X] + TN1[mode_1, species_Y]*Tissue[mode_1, species_Y] + TN2[mode_1, species_Y]*Shell[mode_1, species_Y] + TN1[mode_1, species_Z]*Tissue[mode_1, species_Z] + TN2[mode_1, species_Z]*Shell[mode_1, species_Z]

Removed_N[mode_2] = TN1[mode_2, species_X]*Tissue[mode_2, species_X] + TN2[mode_2, species_X]*Shell[mode_2, species_X] + TN1[mode_2, species_Y]*Tissue[mode_2, species_Y] + TN2[mode_2, species_Y]*Shell[mode_2, species_Y] + TN1[mode_2, species_Z]*Tissue[mode_2, species_Z] + TN2[mode_2, species_Z]*Shell[mode_2, species_Z]

Removed_N[mode_3] = TN1[mode_3, species_X]*Tissue[mode_3, species_X] + TN2[mode_3, species_X]*Shell[mode_3, species_X] + TN1[mode_3, species_Y]*Tissue[mode_3, species_Y] + TN2[mode_3, species_Y]*Shell[mode_3, species_Y] + TN1[mode_3, species_Z]*Tissue[mode_3, species_Z] + TN2[mode_3, species_Z]*Shell[mode_3, species_Z]

Removed_N[mode_4] = TN1[mode_4, species_X]*Tissue[mode_4, species_X]+TN2[mode_4, species_X]*Shell[mode_4, species_X]+TN1[mode_4, species_Y]*Tissue[mode_4, species_Y]+TN2[mode_4, species_Y]*Shell[mode_4, species_Y]+TN1[mode_4, species_Z]*Tissue[mode_4, species_Z]+TN2[mode_4, species_Z]*Shell[mode_4, species_Z]

Removed_N[mode_5] = TN1[mode_5, species_X]*Tissue[mode_5, species_X]+TN2[mode_5, species_X]*Shell[mode_5, species_X]+TN1[mode_5, species_Y]*Tissue[mode_5, species_Y]+TN2[mode_5, species_Y]*Shell[mode_5, species_Y]+TN1[mode_5, species_Z]*Tissue[mode_5, species_Z]+TN2[mode_5, species_Z]*Shell[mode_5, species_Z]

Removed_N[mode_6] = TN1[mode_6, species_X]*Tissue[mode_6, species_X]+TN2[mode_6, species_X]*Shell[mode_6, species_X]+TN1[mode_6, species_Y]*Tissue[mode_6, species_Y]+TN2[mode_6, species_Y]*Shell[mode_6, species_Y]+TN1[mode_6, species_Z]*Tissue[mode_6, species_Z]+TN2[mode_6, species_Z]*Shell[mode_6, species_Z]

Removed_N[mode_7] = TN1[mode_7, species_X]*Tissue[mode_7, species_X]+TN2[mode_7, species_X]*Shell[mode_7, species_X]+TN1[mode_7, species_Y]*Tissue[mode_7, species_Y]+TN2[mode_7, species_Y]*Shell[mode_7, species_Y]+TN1[mode_7, species_Z]*Tissue[mode_7, species_Z]+TN2[mode_7, species_Z]*Shell[mode_7, species_Z]

Intaked_N[mode_1] = Culture[mode_1, species_X]*SediN[mode_1, species_X]+SediTaken[mode_1, species_X]+Culture[mode_1, species_Y]*SediN[mode_1, species_Y]+SediTaken[mode_1, species_Y]+Culture[mode_1, species_Z]*SediN[mode_1, species_Z]+SediTaken[mode_1, species_Z]

Intaked_N[mode_2] = Culture[mode_2, species_X]*SediN[mode_2, species_X]+SediTaken[mode_2, species_X]+Culture[mode_2, species_Y]*SediN[mode_2, species_Y]+SediTaken[mode_2, species_Y]+Culture[mode_2, species_Z]*SediN[mode_2, species_Z]+SediTaken[mode_2, species_Z]

Intaked_N[mode_3] = Culture[mode_3, species_X]*SediN[mode_3, species_X]+SediTaken[mode_3, species_X]+Culture[mode_3, species_Y] ＊SediN[mode_3, species_Y] ＋SediTaken[mode_3, species_Y] ＋Culture[mode_3, species_Z] ＊SediN[mode_3, species_Z] ＋SediTaken[mode_3, species_Z]

Intaked_N[mode_4] ＝ Culture[mode_4, species_X] ＊SediN[mode_4, species_X] ＋SediTaken[mode_4, species_X] ＋Culture[mode_4, species_Y] ＊SediN[mode_4, species_Y] ＋SediTaken[mode_4, species_Y] ＋Culture[mode_4, species_Z] ＊SediN[mode_4, species_Z] ＋SediTaken[mode_4, species_Z]

Intaked_N[mode_5] ＝ Culture[mode_5, species_X] ＊SediN[mode_5, species_X] ＋SediTaken[mode_5, species_X] ＋Culture[mode_5, species_Y] ＊SediN[mode_5, species_Y] ＋SediTaken[mode_5, species_Y] ＋Culture[mode_5, species_Z] ＊SediN[mode_5, species_Z] ＋SediTaken[mode_5, species_Z]

Intaked_N[mode_6] ＝ Culture[mode_6, species_X] ＊SediN[mode_6, species_X] ＋SediTaken[mode_6, species_X] ＋Culture[mode_6, species_Y] ＊SediN[mode_6, species_Y] ＋SediTaken[mode_6, species_Y] ＋Culture[mode_6, species_Z] ＊SediN[mode_6, species_Z] ＋SediTaken[mode_6, species_Z]

Intaked_N[mode_7] ＝ Culture[mode_6, species_X] ＊SediN[mode_6, species_X] ＋SediTaken[mode_6, species_X] ＋Culture[mode_6, species_Y] ＊SediN[mode_6, species_Y] ＋SediTaken[mode_6, species_Y] ＋Culture[mode_6, species_Z] ＊SediN[mode_6, species_Z] ＋SediTaken[mode_6, species_Z]

OUTFLOWS:

Released_N[mode_1] ＝ （Tissue[mode_1, species_X] ＊Ren[mode_1, species_X] ＊Time_for_harvest[mode_1, species_X] ＋Tissue[mode_1, species_Y] ＊Ren[mode_1, species_Y] ＊Time_for_harvest[mode_1, species_Y] ＋Tissue[mode_1, species_Z] ＊Ren[mode_1, species_Z] ＊Time_for_harvest[mode_1, species_Z]） ＊24/1000000

Released_N[mode_2] ＝ （Tissue[mode_2, species_X] ＊Ren[mode_2, species_X] ＊Time_for_harvest[mode_2, species_X] ＋Tissue[mode_2, species_

$Y]*Ren[mode\_2, species\_Y]*Time\_for\_harvest[mode\_2, species\_Y] + Tissue[mode\_2, species\_Z]*Ren[mode\_2, species\_Z]*Time\_for\_harvest[mode\_2, species\_Z]) *24/1000000$

$Released\_N[mode\_3] = (Tissue[mode\_3, species\_X]*Ren[mode\_3, species\_X]*Time\_for\_harvest[mode\_3, species\_X] + Tissue[mode\_3, species\_Y]*Ren[mode\_3, species\_Y]*Time\_for\_harvest[mode\_3, species\_Y] + Tissue[mode\_3, species\_Z]*Ren[mode\_3, species\_Z]*Time\_for\_harvest[mode\_3, species\_Z]) *24/1000000$

$Released\_N[mode\_4] = (Tissue[mode\_4, species\_X]*Ren[mode\_4, species\_X]*Time\_for\_harvest[mode\_4, species\_X] + Tissue[mode\_4, species\_Y]*Ren[mode\_4, species\_Y]*Time\_for\_harvest[mode\_4, species\_Y] + Tissue[mode\_4, species\_Z]*Ren[mode\_4, species\_Z]*Time\_for\_harvest[mode\_4, species\_Z]) *24/1000000$

$Released\_N[mode\_5] = (Tissue[mode\_5, species\_X]*Ren[mode\_5, species\_X]*Time\_for\_harvest[mode\_5, species\_X] + Tissue[mode\_5, species\_Y]*Ren[mode\_5, species\_Y]*Time\_for\_harvest[mode\_5, species\_Y] + Tissue[mode\_5, species\_Z]*Ren[mode\_5, species\_Z]*Time\_for\_harvest[mode\_5, species\_Z]) *24/1000000$

$Released\_N[mode\_6] = (Tissue[mode\_6, species\_X]*Ren[mode\_6, species\_X]*Time\_for\_harvest[mode\_6, species\_X] + Tissue[mode\_6, species\_Y]*Ren[mode\_6, species\_Y]*Time\_for\_harvest[mode\_6, species\_Y]/2 + Tissue[mode\_6, species\_Z]*Ren[mode\_6, species\_Z]*Time\_for\_harvest[mode\_6, species\_Z]) *24/1000000$

$Released\_N[mode\_7] = (Tissue[mode\_1, species\_X]*Ren[mode\_1, species\_X]*Time\_for\_harvest[mode\_1, species\_X] + Tissue[mode\_1, species\_Y]*Ren[mode\_1, species\_Y]*Time\_for\_harvest[mode\_1, species\_Y]/2 + Tissue[mode\_1, species\_Z]*Ren[mode\_1, species\_Z]*Time\_for\_harvest[mode\_1, species\_Z]/2) *24/1000000$

$Shell[mode\_1, species\_X] = Harvest[mode\_1, species\_X]*R2[mode\_1, species\_X]$

$Shell[mode\_1, species\_Y] = Harvest[mode\_1, species\_Y]*R2[mode\_1, species\_Y]$

$Shell[mode\_1, species\_Z] = Harvest[mode\_1, species\_Z]*R2[mode\_1, species\_Z]$

$Shell[mode\_2, species\_X] = Harvest[mode\_2, species\_X]*R2[mode\_2, species\_X]$

$Shell[mode\_2, species\_Y] = Harvest[mode\_2, species\_Y]*R2[mode\_2, species\_Y]$

$Shell[mode\_2, species\_Z] = Harvest[mode\_2, species\_Z]*R2[mode\_2, species\_Z]$

$Shell[mode\_3, species\_X] = Harvest[mode\_3, species\_X]*R2[mode\_3, species\_X]$

$Shell[mode\_3, species\_Y] = Harvest[mode\_3, species\_Y]*R2[mode\_3, species\_Y]$

$Shell[mode\_3, species\_Z] = Harvest[mode\_3, species\_Z]*R2[mode\_3, species\_Z]$

$Shell[mode\_4, species\_X] = Harvest[mode\_4, species\_X]*R2[mode\_4, species\_X]$

$Shell[mode\_4, species\_Y] = Harvest[mode\_4, species\_Y]*R2[mode\_4, species\_Y]$

$Shell[mode\_4, species\_Z] = Harvest[mode\_4, species\_Z]*R2[mode\_4, species\_Z]$

$Shell[mode\_5, species\_X] = Harvest[mode\_5, species\_X]*R2[mode\_5, species\_X]$

$Shell[mode\_5, species\_Y] = Harvest[mode\_5, species\_Y]*R2[mode\_5, species\_Y]$

$Shell[mode\_5, species\_Z] = Harvest[mode\_5, species\_Z]*R2[mode\_5, species\_Z]$

$Shell[mode\_6, species\_X] = Harvest[mode\_6, species\_X]*R2[mode\_6, species\_X]$

$Shell[mode\_6, species\_Y] = Harvest[mode\_6, species\_Y]*R2[mode\_6, species\_Y]$

$Shell[mode\_6, species\_Z] = Harvest[mode\_6, species\_Z]*R2[mode\_6, species\_Z]$

$Shell[mode\_7, species\_X] = Harvest[mode\_7, species\_X]*R2[mode\_7, species\_X]$

$Shell[mode\_7, species\_Y] = Harvest[mode\_7, species\_Y]*R2[mode\_7, species\_Y]$

$Shell[mode\_7, species\_Z] = Harvest[mode\_7, species\_Z]*R2[mode\_7, species\_Z]$

$Tissue[mode\_1, species\_X] = Harvest[mode\_1, species\_X]*R1[mode\_1, species\_X]$

$Tissue[mode\_1, species\_Y] = Harvest[mode\_1, species\_Y]*R1[mode\_1, species\_Y]$

$Tissue[mode\_1, species\_Z] = Harvest[mode\_1, species\_Z]*R1[mode\_1, species\_Z]$

$Tissue[mode\_2, species\_X] = Harvest[mode\_2, species\_X]*R1[mode\_2, species\_X]$

$Tissue[mode\_2, species\_Y] = Harvest[mode\_2, species\_Y]*R1[mode\_2, species\_Y]$

$Tissue[mode\_2, species\_Z] = Harvest[mode\_2, species\_Z]*R1[mode\_2, species\_Z]$

$Tissue[mode\_3, species\_X] = Harvest[mode\_3, species\_X]*R1[mode\_3, species\_X]$

$Tissue[mode\_3, species\_Y] = Harvest[mode\_3, species\_Y]*R1[mode\_3, species\_Y]$

$Tissue[mode\_3, species\_Z] = Harvest[mode\_3, species\_Z]*R1[mode\_3, species\_Z]$

$Tissue[mode\_4, species\_X] = Harvest[mode\_4, species\_X]*R1[mode\_4, species\_X]$

$Tissue[mode\_4, species\_Y] = Harvest[mode\_4, species\_Y]*R1[mode\_4, species\_Y]$

$Tissue[mode\_4, species\_Z] = Harvest[mode\_4, species\_Z]*R1[mode\_4, species\_Z]$

$Tissue[mode\_5, species\_X] = Harvest[mode\_5, species\_X]*R1[mode\_5, species\_X]$

$Tissue[mode\_5, species\_Y] = Harvest[mode\_5, species\_Y]*R1[mode\_5, species\_Y]$

$Tissue[mode\_5, species\_Z] = Harvest[mode\_5, species\_Z]*R1[mode\_5, species\_Z]$

Tissue[mode_6, species_X] = Harvest[mode_6, species_X]*R1[mode_6, species_X]

Tissue[mode_6, species_Y] = Harvest[mode_6, species_Y]*R1[mode_6, species_Y]

Tissue[mode_6, species_Z] = Harvest[mode_6, species_Z]*R1[mode_6, species_Z]

Tissue[mode_7, species_X] = Harvest[mode_7, species_X]*R1[mode_7, species_X]

Tissue[mode_7, species_Y] = Harvest[mode_7, species_Y]*R1[mode_7, species_Y]

Tissue[mode_7, species_Z] = Harvest[mode_7, species_Z]*R1[mode_7, species_Z]

Oxygen（gas regulation）

O_stock[mode_type]（t）= O_stock[mode_type]（$t - \mathrm{d}t$）+（Synthesized_O[mode_type] − Consumed_O[mode_type]）* dt

INIT O_stock[mode_type] = 1

INFLOWS：

Synthesized_O[mode_1] = Harvest[mode_1, species_X]*generated_O_per_kg[mode_1, species_X]+Harvest[mode_1, species_Y]*generated_O_per_kg[mode_1, species_Y]+Harvest[mode_1, species_Z]*generated_O_per_kg[mode_1, species_Z]

Synthesized_O[mode_2] = Harvest[mode_2, species_X]*generated_O_per_kg[mode_2, species_X]+Harvest[mode_2, species_Y]*generated_O_per_kg[mode_2, species_Y]+Harvest[mode_2, species_Z]*generated_O_per_kg[mode_2, species_Z]

Synthesized_O[mode_3] = Harvest[mode_3, species_X]*generated_O_per_kg[mode_3, species_X]+Harvest[mode_3, species_Y]*generated_O_per_kg[mode_3, species_Y]+Harvest[mode_3, species_Z]*generated_O_per_kg[mode_3, species_Z]

Synthesized_O[mode_4] = Harvest[mode_4, species_X]*generated_O_per_kg[mode_4, species_X]+Harvest[mode_4, species_Y]*generated_O_per_kg[mode_4, species_Y]+Harvest[mode_4, species_Z]*generated_O_per_kg[mode_4, species_Z]

Synthesized_O[mode_5] = Harvest[mode_5, species_X]*generated_O_per_kg[mode_5, species_X]+Harvest[mode_5, species_Y]*generated_O_per_kg[mode_5, species_Y]+Harvest[mode_5, species_Z]*generated_O_per_ kg[mode_5, species_Z]

Synthesized_O[mode_6] = Harvest[mode_6, species_X]*generated_O_per_
kg[mode_6, species_X]+Harvest[mode_6, species_Y]*generated_O_per_
kg[mode_6, species_Y]+Harvest[mode_6, species_Z]*generated_O_per_
kg[mode_6, species_Z]

Synthesized_O[mode_7] = Harvest[mode_7, species_X]*generated_O_per_
kg[mode_7, species_X]+Harvest[mode_7, species_Y]*generated_O_per_
kg[mode_7, species_Y]+Harvest[mode_7, species_Z]*generated_O_per_
kg[mode_7, species_Z]

OUTFLOWS：

Consumed_O[mode_1] = （Harvest[mode_1, species_X]*R1[mode_1,
species_X]*Ro[mode_1, species_X]*Time_for_harvest[mode_1, species_
X]+Harvest[mode_1, species_Y]*R1[mode_1, species_Y]*Ro[mode_1,
species_Y]*Time_for_harvest[mode_1, species_Y]+Harvest[mode_1,
species_Z]*R1[mode_1, species_Z]*Ro[mode_1, species_Z]*Time_for_
harvest[mode_1, species_Z]）*24/1000000

Consumed_O[mode_2] = （Harvest[mode_2, species_X]*R1[mode_2,
species_X]*Ro[mode_2, species_X]*Time_for_harvest[mode_2, species_
X]+Harvest[mode_2, species_Y]*R1[mode_2, species_Y]*Ro[mode_2,
species_Y]*Time_for_harvest[mode_2, species_Y]+Harvest[mode_2,
species_Z]*R1[mode_2, species_Z]*Ro[mode_2, species_Z]*Time_for_
harvest[mode_2, species_Z]）*24/1000000

Consumed_O[mode_3] = （Harvest[mode_3, species_X]*R1[mode_3,
species_X]*Ro[mode_3, species_X]*Time_for_harvest[mode_3, species_
X]+Harvest[mode_3, species_Y]*R1[mode_3, species_Y]*Ro[mode_3,
species_Y]*Time_for_harvest[mode_3, species_Y]+Harvest[mode_3,
species_Z]*R1[mode_3, species_Z]*Ro[mode_3, species_Z]*Time_for_
harvest[mode_3, species_Z]）*24/1000000

Consumed_O[mode_4] = （Harvest[mode_4, species_X]*R1[mode_4,
species_X]*Ro[mode_4, species_X]*Time_for_harvest[mode_4, species_
X]+Harvest[mode_4, species_Y]*R1[mode_1, species_Y]*Ro[mode_4,

species_Y]*Time_for_harvest[mode_4, species_Y]+Harvest[mode_4, species_Z]*R1[mode_4, species_Z]*Ro[mode_4, species_Z]*Time_for_harvest[mode_4, species_Z]）*24/1000000

Consumed_O[mode_5] =（Harvest[mode_5, species_X]*R1[mode_5, species_X]*Ro[mode_5, species_X]*Time_for_harvest[mode_5, species_X]+Harvest[mode_5, species_Y]*R1[mode_5, species_Y]*Ro[mode_5, species_Y]*Time_for_harvest[mode_5, species_Y]+Harvest[mode_5, species_Z]*R1[mode_5, species_Z]*Ro[mode_5, species_Z]*Time_for_harvest[mode_5, species_Z]）*24/1000000

Consumed_O[mode_6] =（Harvest[mode_6, species_X]*R1[mode_6, species_X]*Ro[mode_6, species_X]*Time_for_harvest[mode_6, species_X]+Harvest[mode_6, species_Y]*Ro[mode_6, species_Y]*Time_for_harvest[mode_6, species_Y]/2+Harvest[mode_6, species_Z]*R1[mode_6, species_Z]*Ro[mode_6, species_Z]*Time_for_harvest[mode_6, species_Z]）*24/1000000

Consumed_O[mode_7] =（Harvest[mode_7, species_X]*R1[mode_7, species_X]*Ro[mode_7, species_X]*Time_for_harvest[mode_7, species_X]+Harvest[mode_7, species_Y]*Ro[mode_7, species_Y]*Time_for_harvest[mode_7, species_Y]/2+Harvest[mode_7, species_Z]*Ro[mode_7, species_Z]*Time_for_harvest[mode_7, species_Z]/2）*24/1000000

3. *Ecosystem valuation*

Climate_Reg[mode_1] = C_stock[mode_1]

Climate_Reg[mode_2] = C_stock[mode_2]

Climate_Reg[mode_3] = C_stock[mode_3]

Climate_Reg[mode_4] = C_stock[mode_4]

Climate_Reg[mode_5] = C_stock[mode_5]

Climate_Reg[mode_6] = C_stock[mode_6]

Climate_Reg[mode_7] = C_stock[mode_7]

EcoServices_values[mode_1, goods_prod] = Goods_econ_prod[mode_1]*Price_ECO_ser[goods_prod]+0*（ARRAYSUM（Climate_Reg[*]）+ARRAYSUM（Gas_Reg[*]）+ARRAYSUM（Waste_treatment[*]））

EcoServices_values[mode_1, waste_trea] = Waste_treatment[mode_1]*Price_ECO_ser[waste_trea]+0*（ARRAYSUM（Climate_Reg[*]）+ARRAYSUM（Gas_Reg[*]）+ARRAYSUM（Goods_econ_prod[*]））

EcoServices_values[mode_1, climate_regulation] = Climate_Reg[mode_1]*Price_ECO_ser[climate_regulation]+0*（ARRAYSUM（Goods_econ_prod[*]）+ARRAYSUM（Gas_Reg[*]）+ARRAYSUM（Waste_treatment[*]））

EcoServices_values[mode_1, gas_regulation] = Gas_Reg[mode_1]*Price_ECO_ser[gas_regulation]+0*（ARRAYSUM（Climate_Reg[*]）+ARRAYSUM（Goods_econ_prod[*]）+ARRAYSUM（Waste_treatment[*]））

EcoServices_values[mode_2, goods_prod] = Goods_econ_prod[mode_2]*Price_ECO_ser[goods_prod]+0*（ARRAYSUM（Climate_Reg[*]）+ARRAYSUM（Gas_Reg[*]）+ARRAYSUM（Waste_treatment[*]））

EcoServices_values[mode_2, waste_trea] = Waste_treatment[mode_2]*Price_ECO_ser[waste_trea]+0*（ARRAYSUM（Climate_Reg[*]）+ARRAYSUM（Gas_Reg[*]）+ARRAYSUM（Goods_econ_prod[*]））

EcoServices_values[mode_2, climate_regulation] = Climate_Reg[mode_2]*Price_ECO_ser[climate_regulation]+0*（ARRAYSUM（Goods_econ_prod[*]）+ARRAYSUM（Gas_Reg[*]）+ARRAYSUM（Waste_treatment[*]））

EcoServices_values[mode_2, gas_regulation] = Gas_Reg[mode_2]*Price_ECO_ser[gas_regulation]+0*（ARRAYSUM（Climate_Reg[*]）+ARRAYSUM（Goods_econ_prod[*]）+ARRAYSUM（Waste_treatment[*]））

EcoServices_values[mode_3, goods_prod] = Goods_econ_prod[mode_3]*Price_ECO_ser[goods_prod]+0*（ARRAYSUM（Climate_Reg[*]）+ARRAYSUM（Gas_Reg[*]）+ARRAYSUM（Waste_treatment[*]））

EcoServices_values[mode_3, waste_trea] = Waste_treatment[mode_3]*Price_ECO_ser[waste_trea]+0*（ARRAYSUM（Climate_Reg[*]）+ARRAYSUM（Gas_Reg[*]）+ARRAYSUM（Goods_econ_prod[*]））

EcoServices_values[mode_3, climate_regulation] = Climate_Reg[mode_3]*Price_ECO_ser[climate_regulation]+0*（ARRAYSUM（Goods_econ_prod[*]）+ARRAYSUM（Gas_Reg[*]）+ARRAYSUM（Waste_treatment[*]））

EcoServices_values[mode_3, gas_regulation] = Gas_Reg[mode_3]*Price_ECO_ser[gas_regulation]+0*（ARRAYSUM（Climate_Reg[*]）+ARRAYSUM

（Goods_econ_prod[*]）+ARRAYSUM（Waste_treatment[*]））

EcoServices_values[mode_4, goods_prod] = Goods_econ_prod[mode_4]*Price_ECO_ser[goods_prod]+0*（ARRAYSUM（Climate_Reg[*]）+ARRAYSUM（Gas_Reg[*]）+ARRAYSUM（Waste_treatment[*]））

EcoServices_values[mode_4, waste_trea] = Waste_treatment[mode_4]*Price_ECO_ser[waste_trea]+0*（ARRAYSUM（Climate_Reg[*]）+ARRAYSUM（Gas_Reg[*]）+ARRAYSUM（Goods_econ_prod[*]））

EcoServices_values[mode_4, climate_regulation] = Climate_Reg[mode_4]*Price_ECO_ser[climate_regulation]+0*（ARRAYSUM（Goods_econ_prod[*]）+ARRAYSUM（Gas_Reg[*]）+ARRAYSUM（Waste_treatment[*]））

EcoServices_values[mode_4, gas_regulation] = Gas_Reg[mode_4]*Price_ECO_ser[gas_regulation]+0*（ARRAYSUM（Climate_Reg[*]）+ARRAYSUM（Goods_econ_prod[*]）+ARRAYSUM（Waste_treatment[*]））

EcoServices_values[mode_5, goods_prod] = Goods_econ_prod[mode_5]*Price_ECO_ser[goods_prod]+0*（ARRAYSUM（Climate_Reg[*]）+ARRAYSUM（Gas_Reg[*]）+ARRAYSUM（Waste_treatment[*]））

EcoServices_values[mode_5, waste_trea] = Waste_treatment[mode_5]*Price_ECO_ser[waste_trea]+0*（ARRAYSUM（Climate_Reg[*]）+ARRAYSUM（Gas_Reg[*]）+ARRAYSUM（Goods_econ_prod[*]））

EcoServices_values[mode_5, climate_regulation] = Climate_Reg[mode_5]*Price_ECO_ser[climate_regulation]+0*（ARRAYSUM（Goods_econ_prod[*]）+ARRAYSUM（Gas_Reg[*]）+ARRAYSUM（Waste_treatment[*]））

EcoServices_values[mode_5, gas_regulation] = Gas_Reg[mode_5]*Price_ECO_ser[gas_regulation]+0*（ARRAYSUM（Climate_Reg[*]）+ARRAYSUM（Goods_econ_prod[*]）+ARRAYSUM（Waste_treatment[*]））

EcoServices_values[mode_6, goods_prod] = Goods_econ_prod[mode_6]*Price_ECO_ser[goods_prod]+0*（ARRAYSUM（Climate_Reg[*]）+ARRAYSUM（Gas_Reg[*]）+ARRAYSUM（Waste_treatment[*]））

EcoServices_values[mode_6, waste_trea] = Waste_treatment[mode_6]*Price_ECO_ser[waste_trea]+0*（ARRAYSUM（Climate_Reg[*]）+ARRAYSUM（Gas_Reg[*]）+ARRAYSUM（Goods_econ_prod[*]））

EcoServices_values[mode_6, climate_regulation] = Climate_Reg[mode_6]*Price_

ECO_ser[climate_regulation]+0*（ARRAYSUM（Goods_econ_prod[*]）+ARRAYSUM（Gas_Reg[*]）+ARRAYSUM（Waste_treatment[*]））

EcoServices_values[mode_6, gas_regulation] = Gas_Reg[mode_6]*Price_ECO_ser[gas_regulation]+0*（ARRAYSUM（Climate_Reg[*]）+ARRAYSUM（Goods_econ_prod[*]）+ARRAYSUM（Waste_treatment[*]））

EcoServices_values[mode_7, goods_prod] = Goods_econ_prod[mode_7]*Price_ECO_ser[goods_prod]+0*（ARRAYSUM（Climate_Reg[*]）+ARRAYSUM（Gas_Reg[*]）+ARRAYSUM（Waste_treatment[*]））

EcoServices_values[mode_7, waste_trea] = Waste_treatment[mode_7]*Price_ECO_ser[waste_trea]+0*（ARRAYSUM（Climate_Reg[*]）+ARRAYSUM（Gas_Reg[*]）+ARRAYSUM（Goods_econ_prod[*]））

EcoServices_values[mode_7, climate_regulation] = Climate_Reg[mode_7]*Price_ECO_ser[climate_regulation]+0*（ARRAYSUM（Goods_econ_prod[*]）+ARRAYSUM（Gas_Reg[*]）+ARRAYSUM（Waste_treatment[*]））

EcoServices_values[mode_7, gas_regulation] = Gas_Reg[mode_7]*Price_ECO_ser[gas_regulation]+0*（ARRAYSUM（Climate_Reg[*]）+ARRAYSUM（Goods_econ_prod[*]）+ARRAYSUM（Waste_treatment[*]））

Gas_Reg[mode_1] = O_stock[mode_1]

Gas_Reg[mode_2] = O_stock[mode_2]

Gas_Reg[mode_3] = O_stock[mode_3]

Gas_Reg[mode_4] = O_stock[mode_4]

Gas_Reg[mode_5] = O_stock[mode_5]

Gas_Reg[mode_6] = O_stock[mode_6]

Gas_Reg[mode_7] = O_stock[mode_7]

Price_ECO_ser[goods_prod] = 1

Price_ECO_ser[waste_trea] = 1. 5

Price_ECO_ser[climate_regulation] = 1. 096

Price_ECO_ser[gas_regulation] = 0. 4

T_ECOservices[mode_1] = ABS（EcoServices_values[mode_1, goods_prod]+EcoServices_values[mode_1, waste_trea]+EcoServices_values[mode_1, climate_regulation]+EcoServices_values[mode_1, gas_regulation]）

T_ECOservices[mode_2] = ABS（EcoServices_values[mode_2, goods_ prod] +EcoServices_values[mode_2, waste_trea] +EcoServices_values[mode_2, climate_regulation] +EcoServices_values[mode_2, gas_regulation]）

T_ECOservices[mode_3] = ABS（EcoServices_values[mode_3, goods_prod] +EcoServices_values[mode_3, waste_trea] +EcoServices_values[mode_3, climate_regulation] +EcoServices_values[mode_3, gas_regulation]）

T_ECOservices[mode_4] = ABS（EcoServices_values[mode_4, goods_prod] +EcoServices_values[mode_4, waste_trea] +EcoServices_values[mode_4, climate_regulation] +EcoServices_values[mode_4, gas_regulation]）

T_ECOservices[mode_5] = ABS（EcoServices_values[mode_5, goods_prod] +EcoServices_values[mode_5, waste_trea] +EcoServices_values[mode_5, climate_regulation] +EcoServices_values[mode_5, gas_regulation]）

T_ECOservices[mode_6] = ABS（EcoServices_values[mode_6, goods_prod] +EcoServices_values[mode_6, waste_trea] +EcoServices_values[mode_6, climate_regulation] +EcoServices_values[mode_6, gas_regulation]）

T_ECOservices[mode_7] = ABS（EcoServices_values[mode_6, goods_prod] +EcoServices_values[mode_6, waste_trea] +EcoServices_values[mode_6, climate_regulation] +EcoServices_values[mode_6, gas_regulation]）

Waste_treatment[mode_1] = N_stock[mode_1]

Waste_treatment[mode_2] = N_stock[mode_2]

Waste_treatment[mode_3] = N_stock[mode_3]

Waste_treatment[mode_4] = N_stock[mode_4]

Waste_treatment[mode_5] = N_stock[mode_5]

Waste_treatment[mode_6] = N_stock[mode_6]

Waste_treatment[mode_7] = N_stock[mode_7]

Good economic production

Goods_econ_prod[mode_type]（t) = Goods_econ_prod[mode_type]（t − dt) + （Income[mode_type] − Cost[mode_type]）* dt

INIT Goods_econ_prod[mode_type] = 1

INFLOWS:

Income[mode_1] = Harvest[mode_1, species_X]*Market_price[mode_1, species_X] +Harvest[mode_1, species_Y]*Market_price[mode_1, species_Y] +Harvest[mode_1, species_Z]*Market_price[mode_1, species_Z]

Income[mode_2] = Harvest[mode_2, species_X]*Market_price[mode_2, species_X] +Harvest[mode_2, species_Y]*Market_price[mode_2, species_Y] +Harvest[mode_2, species_Z]*Market_price[mode_2, species_Z]

Income[mode_3] = Harvest[mode_3, species_X]*Market_price[mode_3, species_X] +Harvest[mode_3, species_Y]*Market_price[mode_3, species_Y] +Harvest[mode_3, species_Z]*Market_price[mode_3, species_Z]

Income[mode_4] = Harvest[mode_4, species_X]*Market_price[mode_4, species_X] +Harvest[mode_4, species_Y]*Market_price[mode_4, species_Y] +Harvest[mode_4, species_Z]*Market_price[mode_4, species_Z]

Income[mode_5] = Harvest[mode_5, species_X]*Market_price[mode_5, species_X] +Harvest[mode_5, species_Y]*Market_price[mode_5, species_Y] +Harvest[mode_5, species_Z]*Market_price[mode_5, species_Z]

Income[mode_6] = Harvest[mode_6, species_X]*Market_price[mode_6, species_X] +Harvest[mode_6, species_Y]*Market_price[mode_6, species_Y] +Harvest[mode_6, species_Z]*Market_price[mode_6, species_Z]

Income[mode_7] = Harvest[mode_7, species_X]*Market_price[mode_7, species_X] +Harvest[mode_7, species_Y]*Market_price[mode_7, species_Y] +Harvest[mode_7, species_Z]*Market_price[mode_7, species_Z]

OUTFLOWS：

Cost[mode_1] = equipment_cost[mode_1] +management_cost[mode_1] +seedling_cost[mode_1]

Cost[mode_2] = equipment_cost[mode_2] +management_cost[mode_2] +seedling_cost[mode_2]

Cost[mode_3] = equipment_cost[mode_3] +management_cost[mode_3] +seedling_cost[mode_3]

Cost[mode_4] = equipment_cost[mode_4] +management_cost[mode_4] +seedling_cost[mode_4]

Cost[mode_5] = equipment_cost[mode_5] +management_cost[mode_5] +seedling_cost[mode_5]

$$Cost[mode\_6] = equipment\_cost[mode\_6] + management\_cost[mode\_6] + seedling\_cost[mode\_6]$$

$$Cost[mode\_7] = equipment\_cost[mode\_7] + management\_cost[mode\_7] + seedling\_cost[mode\_7]$$

$$equipment\_cost[mode\_1] = rope\_or\_cage\_density\_per\_PU[mode\_1, species\_X] * cost\_per\_rope\_or\_cage[mode\_1, species\_X] * depreciation\_rate[mode\_1, species\_X] + rope\_or\_cage\_density\_per\_PU[mode\_1, species\_Y] * cost\_per\_rope\_or\_cage[mode\_1, species\_Y] * depreciation\_rate[mode\_1, species\_Y] + rope\_or\_cage\_density\_per\_PU[mode\_1, species\_Z] * cost\_per\_rope\_or\_cage[mode\_1, species\_Z] * depreciation\_rate[mode\_1, species\_Z]$$

$$equipment\_cost[mode\_2] = rope\_or\_cage\_density\_per\_PU[mode\_2, species\_X] * cost\_per\_rope\_or\_cage[mode\_2, species\_X] * depreciation\_rate[mode\_2, species\_X] + rope\_or\_cage\_density\_per\_PU[mode\_2, species\_Y] * cost\_per\_rope\_or\_cage[mode\_2, species\_Y] * depreciation\_rate[mode\_2, species\_Y] + rope\_or\_cage\_density\_per\_PU[mode\_2, species\_Z] * cost\_per\_rope\_or\_cage[mode\_2, species\_Z] * depreciation\_rate[mode\_2, species\_Z]$$

$$equipment\_cost[mode\_3] = rope\_or\_cage\_density\_per\_PU[mode\_3, species\_X] * cost\_per\_rope\_or\_cage[mode\_3, species\_X] * depreciation\_rate[mode\_3, species\_X] + rope\_or\_cage\_density\_per\_PU[mode\_3, species\_Y] * cost\_per\_rope\_or\_cage[mode\_3, species\_Y] * depreciation\_rate[mode\_3, species\_Y] + rope\_or\_cage\_density\_per\_PU[mode\_3, species\_Z] * cost\_per\_rope\_or\_cage[mode\_3, species\_Z] * depreciation\_rate[mode\_3, species\_Z]$$

$$equipment\_cost[mode\_4] = rope\_or\_cage\_density\_per\_PU[mode\_4, species\_X] * cost\_per\_rope\_or\_cage[mode\_4, species\_X] * depreciation\_rate[mode\_4, species\_X] + rope\_or\_cage\_density\_per\_PU[mode\_4, species\_Y] * cost\_per\_rope\_or\_cage[mode\_4, species\_Y] * depreciation\_rate[mode\_4, species\_Y] + rope\_or\_cage\_density\_per\_PU[mode\_4, species\_Z] * cost\_per\_rope\_or\_cage[mode\_4, species\_Z] * depreciation\_rate[mode\_4, species\_Z]$$

$$equipment\_cost[mode\_5] = rope\_or\_cage\_density\_per\_PU[mode\_5, species\_X] * cost\_per\_rope\_or\_cage[mode\_5, species\_X] * depreciation\_rate[mode\_5, species\_X] + rope\_or\_cage\_density\_per\_PU[mode\_5, species\_Y] * cost\_per\_rope\_or\_cage[mode\_5, species\_Y] * depreciation\_rate[mode\_5, species\_Y] + rope\_or\_$$

cage_density_per_PU[mode_5, species_Z]*cost_per_rope_or_cage[mode_5, species_Z]*depreciation_rate[mode_5, species_Z]

equipment_cost[mode_6] = rope_or_cage_density_per_PU[mode_6, species_X]*cost_per_rope_or_cage[mode_6, species_X]*depreciation_rate[mode_6, species_X]+rope_or_cage_density_per_PU[mode_6, species_Y]*cost_per_rope_or_cage[mode_6, species_Y]*depreciation_rate[mode_6, species_Y]+rope_or_cage_density_per_PU[mode_6, species_Z]*cost_per_rope_or_cage[mode_6, species_Z]*depreciation_rate[mode_6, species_Z]

equipment_cost[mode_7] = rope_or_cage_density_per_PU[mode_7, species_X]*cost_per_rope_or_cage[mode_7, species_X]*depreciation_rate[mode_7, species_X]+rope_or_cage_density_per_PU[mode_7, species_Y]*cost_per_rope_or_cage[mode_7, species_Y]*depreciation_rate[mode_7, species_Y]+rope_or_cage_density_per_PU[mode_7, species_Z]*cost_per_rope_or_cage[mode_7, species_Z]*depreciation_rate[mode_7, species_Z]

management_cost[mode_1] = Harvest[mode_1, species_X]*Labour_cost[mode_1, species_X]+Harvest[mode_1, species_Y]*Labour_cost[mode_1, species_Y]+Harvest[mode_1, species_Z]*Labour_cost[mode_1, species_Z]

management_cost[mode_2] = Harvest[mode_2, species_X]*Labour_cost[mode_2, species_X]+Harvest[mode_2, species_Y]*Labour_cost[mode_2, species_Y]+Harvest[mode_2, species_Z]*Labour_cost[mode_2, species_Z]

management_cost[mode_3] = Harvest[mode_3, species_X]*Labour_cost[mode_3, species_X]+Harvest[mode_3, species_Y]*Labour_cost[mode_3, species_Y]+Harvest[mode_3, species_Z]*Labour_cost[mode_3, species_Z]

management_cost[mode_4] = Harvest[mode_4, species_X]*Labour_cost[mode_4, species_X]+Harvest[mode_4, species_Y]*Labour_cost[mode_4, species_Y]+Harvest[mode_4, species_Z]*Labour_cost[mode_4, species_Z]

management_cost[mode_5] = Harvest[mode_5, species_X]*Labour_cost[mode_5, species_X]+Harvest[mode_5, species_Y]*Labour_cost[mode_5, species_Y]+Harvest[mode_5, species_Z]*Labour_cost[mode_5, species_Z]

management_cost[mode_6] = Harvest[mode_6, species_X]*Labour_cost[mode_6, species_X]+Harvest[mode_6, species_Y]*Labour_cost[mode_6, species_Y]+Harvest[mode_6, species_Z]*Labour_cost[mode_6, species_Z] management_cost[mode_7] = Harvest[mode_7, species_X]*Labour_cost[mode_7, species_X]+Harvest[mode_7, species_Y]*Labour_cost[mode_7, species_Y]+Harvest[mode_7, species_Z]*Labour_cost[mode_7, species_Z]

Market_price[mode_1, species_X] = 0. 96

seedling_cost[mode_1] = Seedling_number[mode_1, species_X]*cost_per_seedling[mode_1, species_X]+Seedling_number[mode_1, species_Y]*cost_per_seedling[mode_1, species_Y]+Seedling_number[mode_1, species_Z]*cost_per_seedling[mode_1, species_Z]

seedling_cost[mode_2] = Seedling_number[mode_2, species_X]*cost_per_seedling[mode_2, species_X]+Seedling_number[mode_2, species_Y]*cost_per_seedling[mode_2, species_Y]+Seedling_number[mode_2, species_Z]*cost_per_seedling[mode_2, species_Z]

seedling_cost[mode_3] = Seedling_number[mode_3, species_X]*cost_per_seedling[mode_3, species_X]+Seedling_number[mode_3, species_Y]*cost_per_seedling[mode_3, species_Y]+Seedling_number[mode_3, species_Z]*cost_per_seedling[mode_3, species_Z]

seedling_cost[mode_4] = Seedling_number[mode_4, species_X]*cost_per_seedling[mode_4, species_X]+Seedling_number[mode_4, species_Y]*cost_per_seedling[mode_4, species_Y]+Seedling_number[mode_4, species_Z]*cost_per_seedling[mode_4, species_Z]

seedling_cost[mode_5] = Seedling_number[mode_5, species_X]*cost_per_seedling[mode_5, species_X]+Seedling_number[mode_5, species_Y]*cost_per_seedling[mode_5, species_Y]+Seedling_number[mode_5, species_Z]*cost_per_seedling[mode_5, species_Z]

seedling_cost[mode_6] = Seedling_number[mode_6, species_X]*cost_per_seedling[mode_6, species_X]+Seedling_number[mode_6, species_Y]*cost_per_seedling[mode_6, species_Y]+Seedling_number[mode_6, species_Z]*cost_per_seedling[mode_6, species_Z]

seedling_cost[mode_7] = Seedling_number[mode_7, species_X]*cost_per_seedling[mode_7, species_X]+Seedling_number[mode_7, species_Y]*cost_per_seedling[mode_7, species_Y]+Seedling_number[mode_7, species_Z]*cost_per_seedling[mode_7, species_Z]

参考文献

[1] Ahlgren M O. Consumption and assimilation of salmon net pen fouling debris by the Red Sea cucumber *Parastichopus californicus*: implications for polyculture. Journal of the World Aquaculture Society, 1998（29）: 133-139.

[2] Ahn O, Petrell R J, Harrison P J. Ammonium and nitrate uptake by *Laminaria saccharina* and *Nereocystis luetkeana* originating from a salmon sea cage farm. Journal of Applied Phycology, 1998, 10: 333-340.

[3] Anderson R J, Smit A J, Levitt G J. Upwelling and fish-factory waste as nitrogen sources for suspended cultivation of *Gracilaria gracilis* in Saldanha Bay, South Africa. Hydrobiologia, 1999, 398-399:455-462.

[4] Anonymous. Regulations relating to operation of aquaculture establishments （Aquaculture Operation Regulations）. FOR 2004-12-22 no, 2004 ,1785, Lovdata, Oslo, Norway.

[5] Bazes A, Silkina A, Defer D, Bernède-Bauduin C, Quéméner E, Braud J P, Bourgougnon N. Active substances from *Ceramium botryocarpum* used as antifouling products in aquaculture. Aquaculture, 2006, 258: 664-674.

[6] Beaumont N J, Austen M C, Mangi S C, Townsend M. Economic valuation for the conservation of marine biodiversity. Marine Pollution Bulletin, 2008, 56（3）: 386-396.

[7] Beveridge M. Cage Aquaculture. The University Press, Cambridge. 1996: 376 .

[8] Bhadury P, Wright P C. Exploitation of marine algae biogenic compounds for potential antifouling applications. Planta, 2004, 219: 561-578.

[9] Bracken M E, Nielsen K J. Nitrogen loading by invertebrates increases growth and diversity of intertidal macroalgae. Journal of Phycology, 2003, 39: 4-5.

[10] Braithwaite R A, McEvoy L A. Marine biofouling on fish farms and its remediation, Advances in Marine Biology, 2005, 47: 215-252.

[11] Branch G M. Competition between marine organisms: ecological and

evolutionary implications. Oceanogr. Marine Biolology Annual Review, 1984, 22: 429-593.

[12] Cao S M, Zhang C Y, Zhang G F, Wu Y J. Study on species composition of fouling organisms on mariculture cages. Journal of Dalian Fisheries University, 1998, 13: 15-21 (in Chinese with English abstract).

[13] Carver A C, Mallet A L. Strategies to mitigate the impact of *Ciona intestinalis* (L.) biofouling on shellfish production. Journal of Shellfish Research, 2003, 22: 621-631.

[14] Castel J, Labourg P J, Escaravage V, Auby I, Garcia M E. Influence of seagrass beds and oyster parks on the abundance and biomass patterns of meio- and macrobenthos in tidal flats. Estuarine, Coastal and Shelf Science, 1989, 28: 71-85.

[15] Cayer D, MacNeil M, Bagnall A G. Tunicate fouling in Nova Scotia aquaculture: a new development. Journal of Shellfish Research, 1999, 18: 327 (abstract).

[16] Huang C C, Tang H J, Liu J Y. Dynamical analysis of net cage structures for marine aquaculture: Numerical simulation and model testing. Aquacultural Engineering, 2006, 35 (3): 258-270.

[17] Chamberlain J, Fernandes T F, Read P, Nickell T D, Davies I M. Impacts of biodeposits from suspended mussel (*Mytilus edulis* L.) culture on the surrounding surficial sediments. International Council for the Exploration of the Sea, 2001, 58 (2), 411-416.

[18] Chivilev S, Ivanov M. Response of the arctic benthic community to excessive amounts of nontoxic organic matter. Marine Pollution Bulletin, 1997, 35 (7-12), 280-286.

[19] Christensen P B, Glud R N, Dalsgaard T, Gillespie P. Impacts of longline mussel farming on oxygen and nitrogen dynamics and biological communities of coastal sediments. Aquaculture, 2003, 218: 567-588.

[20] Chukwuone N A, Ukwe C N, Onugu A, Ibe C A. Valuing the Guinea current large marine ecosystem: Estimates of direct output impact of relevant marine activities. Ocean & Coastal Management, 2009, 52 (3-4): 189-196.

[21] Claereboudt M R, Bureau D, Côté J, Himmelman J H. Fouling development and its effect on the growth of juvenile giant scallops *Placopecten magellanicus* in

suspended culture. Aquaculture, 1994, 121: 327–342.

[22] Tan C K F, Nowak B F, Hodson S L. Biofouling as a reservoir of *Neoparamoeba pemaquidensis*, the causative agent of amoebic gill disease in Atlantic salmon. Aquaculture, 2002, 210: 49–58.

[23] Connell S D. Floating pontoons create novel habitats for subtidal epibiota. Journal of Experimental Marine Biology and Ecology, 2000, 247: 183–194.

[24] Costanza R. Ecosystem services: Multiple classification systems are needed. Biological Conservation, 2008, 141（2）: 350–352.

[25] Costanza R, Arge R, Groot R, Farberk S, Grasso M, Hannon B, Limburg K, Naeem S, O'Neill R V, Paruelo J, Raskin R G, Suttonkk P, van den Belt M. The value of the world's ecosystem services & natural capital. Nature, 1997, 387: 253–260.

[26] Costanza R. The ecological, economic, and social importance of the oceans. Ecological Economics, 1999, 31（2）: 199–213.

[27] Costanza R, Farber S. Introduction to the special issue on the dynamics and value of ecosystem services: integrating economic and ecological perspectives. Ecological Economics, 2002,14（3）: 367–373.

[28] Costello M J, Grant A, Davies I M, Cecchini S, Papoutsoglou S, Quigley D, Saroglia M. The control of chemicals used in aquaculture in Europe. Journal of Applied Ichthyology, 2001, 17: 173–180.

[29] Côté J, Himmelman J H, Claereboudt M R, Bonardelli J. Influence of density and depth on the growth of juvenile giant scallops（*Placopecten magellanicus, Gmelin* 1791）in suspended culture in the Baie des Chaleurs. Canadian Journal of Fisheries and Aquatic Sciences, 1993, 50: 1857–1869.

[30] Cronin E R, Cheshire A C, Clarke S M, Melville A J. An investigation into the composition, biomass and oxygen budget of the fouling community on a tuna aquaculture farm. Biofouling, 1999, 13: 279–299.

[31] Cropp D, Hortle M. Midwater cage culture of the commercial scallop, *Pecten fumatus Reeve* 1852 in Tasmania. Aquaculture, 1992, 102: 55–64.

[32] Dahlback B, Gunnarsson L A H. Sedimentation and sulfate reduction under a mussel culture. Marine Biology, 1981, 63:269–275.

[33] Daily G C. Restoring value to the world's degraded lands. Science,1995, 269:

350-354

[34] Daily G C. Introduction: What are ecosystem services? In: Daily G G. ed. Nature's services: societal dependence on natural ecosystems. Washington, DC: Island Press. 1997.

[35] Daily G C. Management objectives for the protection of ecosystem services. Environmental Science & Policy, 2000, 3(6): 333-339.

[36] Dankers N, Zuidema D R. The role of the mussel(*Mytilus edulis* L.)and mussel culture in the Dutch Wadden Sea. Estuaries, 1995, 18: 71-80.

[37] De Nys R, Dworjanyn S A, Steinberg P D. A new method for determining surface concentrations of marine products on seaweeds. Marine Ecology Progress Series, 1998, 162: 79-87.

[38] Dealteris J T, Kilpatrick B D, Rheault R B. A comparative evaluation of the habitat value of shellfish aquaculture gear, submerged aquatic vegetation and a nonvegetated seabed. Journal of Shellfish Research, 2004, 23: 867-874.

[39] Devi P, Soilimabi W, D'Souza L, Sonak S, Kamat S, Singbal S. Screening of some marine plant for activity against marine fouling bacteria. Botanica Marina, 1997, 40: 87-91.

[40] Doroudi M S. Infestation of the pearl oysters by boring and fouling organisms in northern Persian Gulf. Indian journal of marine sciences, 1996, 25(2), 168-169.

[41] Duarte C M. Marine biodiversity and ecosystem services: an elusive link. Journal of Experimental Marine Biology and Ecology, 2000, 250(1-2): 117-131.

[42] Duarte P, Meneses R, Hawkins A J S, Zhu M, Fang J, Grant J. Mathematical modelling to assess the carrying capacity for multi-species culture within coastal waters. Ecological Modelling, 2003, 168: 109-143.

[43] Dubost N, Masson G, Moreteau J C. Temperate freshwater fouling on floating net cages: method of evaluation, model and composition. Aquaculture, 1996, 143(1-4): 303-318.

[44] Dybern B I. The life cycle of *Ciona intestinalis*(L.)f. typica in relation to the environmental temperature. Oikos, 1965(16): 109-131.

[45] Eckman J E, Thistle D, Burnett W C, Paterson G L J, Robertson C Y, Lambshead P J D. Performance of cages as large animal-exclusion devices in the deep sea. Journal of Marine Research, 2001, 59: 79-95.

[46] Engelhardt K A, Ritchie M E. Effects of macroPhyie species richness on wetland ecosystem functioning and services. Nature, 2001, 411:687–689.

[47] Enright C. Control of fouling in bivalve aquaculture. World Aquaculture, 1993, 24: 44–46.

[48] Ervik A, Hansen P K, Aure J, Stigebrandt J, Johannessen P, Jahnsen T. Regulating the local environmental impact of extensive marine fish farmin: I. The concept of MOM (Modelling–Ongrowing fish farms–Monitoring). Aquaculture, 1997, 158: 85–94.

[49] Fabi G, Manoukian S, Spagnolo A. Impact of an open–sea suspended mussel culture on macrobenthic community (Western Adriatic Sea). Aquaculture, 2009, 289: 54–63.

[50] Fang J G, Sun H L, Yan J P, Kuang S H, Li F, Newkirk G F, Grant J. Polyculture of scallop *Chlamys farreri and kelp Laminaria japonica* in Sanggou Bay.Chinese Journal of Oceanology and Limnology, 1996, 14(4): 322–329.

[51] Fang J, Strand O, Liang X, Zhang J. Carrying capacity and optimizing measures for mariculture in Sanggou Bay. Marine Fisheries Research, 2001, 22(4): 57–63.

[52] Fang J G, Kuang S H, Sun H L, Sun Y, Zhou S L, Song Y L, Cui Y, Zhao J, Yang Q F, Li F, Grant J, Emersom C, Zhang A J, Wang X Z, Tang T Y. Study on the carrying capacity of Sanggou Bay for the culture of scallop *Chlamys farreri*. Marine Fisheries Research, 1996, 17: 18–31(in Chinese, with English abstract).

[53] FAO. The State of World Fisheries and Aquaculture (SOFIA). Food and Agriculture Organization of the United Nations, 1997, Rome.

[54] Fei X G. Solving the coastal eutrophication problem by large scale seaweed cultivation. Hydrobiologia, 2004, 512: 145–151.

[55] Folke C, Kautsky N, Troell M. The costs of eutrophication from salmon fishing: Implications for policy—A Comment. Journal of Environmental Management, 1994, 40: 173–182.

[56] Forrest B M, Hopkins G A, Dodgshun T J, Gardner J P A. Efficacy of acetic acid treatments in the management of marine biofouling. Aquaculture, 2007, 262 (2–4): 319–332.

[57] Fusetani N. Biofouling and antifouling. Natural Product Reports 2004(2): 194–104.

[58] Ge C Z, Fang J G, Guan C T, Wang W, Jiang Z J. Metabolism of marine net pen fouling organism community in summer. Aquaculture Research, 2007, 38: 1106-1109.

[59] Gibbs M, Funnell G, Pickmere S, Norkko A, Hewitt J E. Benthic nutrient fluxes along an estuarine gradient: influence of the pinnid bivalve *Atrina zelandica* in summer. Marine Ecology Progress Series, 2005, 288: 151-164.

[60] Graf G, Rosenberg R. Bioresuspension and biodeposition: a review. Journal of Marine System, 1997, 11: 269-278.

[61] Grant J, Cranford P, Hargrave B, Carreau M, Schofield B, Armsworthy S, Burdett-Coutts V. Ibarra D. A model of aquaculture biodeposition for multiplestuaries and field validation at blue mussel (Mytilus edulis) culture sites in eastern Canada. Canadian Journal of Fisheries and Aquatic Sciences, 2005, 62: 1271-1285.

[62] Grant J, Hatcher A, Scott D B, Pocklington P, Schafer C T, Winters G V. A multidisciplinary approach to evaluating impacts of shellfish aquaculture on benthic communities. Estuaries, 1995, 18: 124-144.

[63] Greene J K, Grizzle R E. Successional development of fouling communities on open ocean aquaculture fish cages in the western Gulf of Maine, USA. Aquaculture, 2007, 262: 289-301.

[64] Guenther J, Southgate P C, de Nys R. The effect of age and shell size on accumulation of fouling organisms on the Akoya pearl oyster *Pinctada fucata* (Gould). Aquaculture, 2006, 253(1-4): 366-373.

[65] Guo X M, Ford S E, Zhang F S. Molluscan aquaculture in China. Journal of Shellfish Research, 1999, (18): 19-31.

[66] Haglund K, Pedersen M. Outdoor pond cultivation of the subtropical marine red alga *Gracilaria tenuistipitata* in brackish water in Sweden. Growth, nutrient uptake, co-cultivation with rainbow trout and epiPhyte control. Journal of Applied Phycology, 1993, 5: 271-284.

[67] Hammond D E, Fuller C, Harmon D, Hartan B, Korosec M, Miller L G, Rea R, Warren S, Berelson W, Hager S W. Benthic fluxes in San Francisco Bay. Hydrobiologia, 1985, 129: 69-90.

[68] Hansen P K, Ervik A, Schaanning M, Johannessen P, Aure J, Jahnsen T,

Stigebrandt A. Regulating the local environmental impact of intensive marine fish farming II The monitoring programme of the MOM system (Modelling–On growing fish farms–monitoring). Aquaculture, 2001, 194: 75–92.

[69] Hanson C H, Bell J. Subtidal and intertidal marine fouling on artificial substrata in northern Puget Sound, Washington. Fisheries Bulletin, 1976, 74: 377–385.

[70] Harder T, Qian P Y. Waterborne compounds from the green seaweed *Ulva reticulata* as inhibitive cues for larval attachment and metamorPhosis in the polychaete Hydroides elegans. Biofouling, 2000, 16: 205–214.

[71] Hawkins A J S, Duarte P, Fang J G, Pascoe P L, Zhang J H, Zhang X L, Zhu M Y. A functional model of responsive suspension–feeding and growth in bivalve shellfish configured and validated for the scallop *Chlamys farreri* during culture in China. Journal of Experimental Marine Biology and Ecology, 2002, 281: 13–40.

[72] Hawkins A J S, Fang J G, Pascoe P L, Zhang J H, Zhang X L, Zhu M Y. Modelling short–term responsive adjustments in particle clearance rate among bivalve suspension–feeders: separate unimodal effects of seston volume and composition in the scallop *Chlamys farreri*. Journal of Experimental Marine Biology and Ecology, 2001, 262: 61–73.

[73] Hecht T, Heasman K. The culture of *Mytilus galloprovincialis* in South Africa and the carrying capacity of mussel farming in Saldanha Bay. World Aquaculture, 1999, 30: 50–55.

[74] Hellio C, Bremer G, Pons A M, Le Gal Y Bourgougnon N. Inhibition of the development of microorganisms（bacteria and fungi）by extracts of marine algae from Brittany, France. Applied Microbiology and Biotechnology, 2000, 54: 543–549.

[75] Hellio C, Marechal J P, Veron B, Bremer G, Clare A S, Le Gal Y. Seasonal variation of antifouling activities of marine algae from the Brittany Coast（France）. Marine Biotechnology, 2001, 6: 67–82.

[76] Hodson S L, Burke C M, Bissett A P. Biofouling of fish–cage netting: the efficacy of a silicone coating and the effect of netting colour. Aquaculture, 2000, 184: 277–290.

[77] Hodson S L, Lewis T E, Burke C M. Biofouling of fish–cage netting: efficacy

and problems of in situ cleaning. Aquaculture, 1997, 152: 77–90.

[78] Holmund C, Hammer M. Ecosystem service generated by fish population. Ecological Economics, 1999, 29: 253–268.

[79] Howard K T, Kingwell S J. Marine fish farming: development of holding facilities with particular reference to work by the white fish authority on the Scottish West coast. Oceanography International, 1975, 75: 183–190.

[80] Howes S, Herbinger C M, Darnell P, Vercaemer B. Spatial and temporal patterns of recruitment of the tunicate *Ciona intestinalis* on a mussel farm in Nova Scotia, Canada. Journal of Experimental Marine Biology and Ecology, 2007, 342（1）, 85–92.

[81] Humborg C, Ittekkot V, Cociasu A, Cociasu A, Bodungen B V. Effect of Danube River dam on Black Sea biogeochemistry and ecosystem structure. Nature, 1997, 386: 385–388.

[82] IMO. International Maritime Organization, Antifouling Systems. 2002. http://www.imo.org.

[83] Jennifer K G, Grizzle R E. Successional development of fouling communities on open ocean aquaculture fish cages in the western Gulf of Maine, USA. Aquaculture, 2007, 262: 289–301.

[84] Jiang Z, Fang J, Men Q, Wang W. Studies on the interaction between shellfish long-line culture and environment in Sungou Bay. South China Fisheries Science, 2006, 2: 23–29（in Chinese, with English abstract）.

[85] Zhang J, Hansen P K, Fang J, Wang W, Jiang Z. Assessment of the local environmental impact of intensive marine shellfish and seaweed farming— Application of the MOM system in the Sungo Bay, China. Aquaculture, 2008, 287（3–4）: 304–310.

[86] Karayucel S. Mussel culture in Scotland. World Aquaculture, 1997, 28: 4–10.

[87] Kaspar H F, Gillespie P A, Boyer I C, MacKenzie A L. Effects of mussel aquaculture on the nitrogen cycle and benthic communities in Kenepuru Sound, Marlborough Sounds, New Zealand. Marine Biology, 1985, 85:127–136.

[88] Ross K A, Thorpe J P, Brand AR. Biological control of fouling in suspended scallop cultivation. Aquaculture, 2004, 299: 99–116.

[89] Khalaman V V. Succession of fouling communities on an artificial substrate of a

mussel culture in the White Sea. Russian Journal of Marine Biology, 2001, 27: 345–352.

[90] King O H. Estimating the value of marine resources: A marine recreation case. Ocean & Coastal Management, 1995, 27(1-2): 129-141.

[91] Klaoudatos S D, Klaoudatos D S, Smith J, Bogdanos K, Papageorgiou E. Assessment of site specific benthic impact of floating cage farming in the eastern Hios island, Eastern Aegean Sea, Greece. Journal of Experimental Marine Biology and Ecology, 2006, 338: 96-111.

[92] Kong Y T, Wang Q, Cheng Z M, Liu M Q, Deng Z F, Chen S H. Fouling organisms and control in ocean-based cultivation of *abalone Haliotis discus hannai*. Marine Environment Science, 2000, 19: 40-43 (in Chinese, with English abstract).

[93] König G M, Wright A D. Sesquiterpene content of the antibacterial dichloromethane extract of the marine red alga *Laurencia obtusa*. Planta Medica, 1997, 63(2): 186-187.

[94] Kuenen J G, Robertson L A. Ecolgoy of nitrificaiton and denitrificaiton. In: Cole, J.A., Gerguson, S.J.(eds). The nitrogen and sulfur cycles. Cambridge: Cambridge University Press, 1998,161-218.

[95] Lai H, Kessler A O, Khoo L E. Biofouling and its possible modes of control at fish farms in Penang, Malaysia Asian Fish Science, 1993, 6: 99-116.

[96] Lambert C C, Lambert G. Non-indigenous ascidians in southern California harbors and marinas. Marine Biology, 1998, 130: 675-688.

[97] Langdon C, Evans F, Demetropoulos C. An environmentally-sustainable, integrated, co-culture system for dulse and abalone production. Aquacultural Engineering, 2004, 32(1): 43-56.

[98] LeBlanc A R, Landry T, Miron G. Fouling organisms in a mussel cultivation bay: their effect on nutrient uptake and release. Canadian Technical Report of Fisheries and Aquatic Sciences, 2002, 2431: vii + 16 p.

[99] Leguerrier D, Niquil N, Petiau A, Bodoy A. Modeling the impact of oyster culture on a mudflat food web in Marennes-Oleron Bay (France). Marine Ecology Progress Series, 2004, 273: 147-162.

[100] Leighton D L. A growth profile for the rock scallop *Hinnites multirugosus* held

at several depths off La Jolla. California Marine Biology, 1979, 51: 229–232.

[101] Leon I, Mendez G, Rubio B. Geochemical Phases of Fe and degree of pyritization in sediments from Ria de Pontevedra（NW Spain）: Implications of mussel raft culture. Ciencias Marinas, 2004, 30:585–602.

[102] Lesser M P, Shumway S E, Cucci T, Smith J. Impact of fouling organisms on mussel rope culture: interspecific competition for food among suspension-feeding invertebrates. Journal of Experimental Marine Biology and Ecology, 1992, 165: 91–102.

[103] Lindahl O, Hart R, Hernroth B, Kollberg S, Loo L O, Olrog L, Ehnstam-Holm A S, Svensson J, Svensson S, Syversen U. Improving marine water quality by mussel farming: a profitable solution for Swedish society. Ambio, 2005, 34: 131–138.

[104] Lodeiros C J M, Himmelman J H. Identification of environmental factors affecting growth and survival of the tropical scallop, *Euvola*（Pecten）*ziczac* in suspended culture in the Golfo de Cariaco, Venezuela. Aquaculture, 2000, 182: 91–114.

[105] Lodeiros C J M, Himmelman J H. Influence of fouling on the growth and survival of the tropical scallop, *Euvola*（Pecten）*ziczac*（L. 1758）in suspended culture. Aquaculture Research, 1996, 27: 749–756.

[106] Lodeiros C, Galindo L, Buitrago E, Himmelman J H. Effects of mass and position of artificial fouling added to the upper valve of the mangrove oyster *Crassostrea rhizoPhorae* on its growth and survival. Aquaculture, 2007, 262: 168–171.

[107] Lodeiros C, Galindo L, Buitrago E, Himmelman J H. Effects of mass and position of artificial fouling added to the upper valve of the mangrove oyster, *Crassostrea rhizoPhorae* on its growth and survival. Aquaculture, 2007, 262: 168–171.

[108] Lodeiros C J M, Himmelman J H. Influence of fouling on the growth and survival of the tropical scallop, *Euvola*（Pecten）*ziczac*（L. 1758）in suspended culture. Aquaculture Research, 1996, 27: 749–756.

[109] Loreau M, Naeem S, Inchausti P, Bengtsson J, Grime J P, Hector A, Hooper D U, Huston M A, Raffaelli D, Schmid B, Tilman D, Wardle D A. Biodiversity

and ecosystem functioning: Current knowledge and future challenges. Science, 2001, 294:804–808.

[110] Lovegrove T. Anti-fouling paint in farm ponds. Fish Farming International, 1979, 9: 13–15.

[111] MacDonald B A, Bourne N F. Growth of the purple-hinge rock scallop, *Crassadoma gigantea* Gray, 1825 under natural conditions and those associated with suspended culture. Journal of Shellfish Research, 1989, 7: 146–147.

[112] Mallet A L, Carver C E. An assessment of strategies for growing mussels in suspended culture. Journal of Shellfish Research, 1991, 10: 471–477.

[113] Mao Y Z, Zhou Y, Yang H S, Wang R C. Seasonal variation in metabolism of cultured Pacific oyster, *Crassostrea gigas*, in Sanggou Bay, China. Aquaculture, 2006, 253: 322–333.

[114] Marko J, Geček S, Legović T. Impact of aquacultures on the marine ecosystem: Modelling benthic carbon loading over variable depth. Ecological Modelling, 2007, 200(3–4): 459–466.

[115] Matulewich V A, Strom P F, Fingstein M S. Length of incubation for enurnerating nitrifying bacteria present in various environments. Applied Microbiology, 1975, 29(2): 265–268

[116] Mazouni N, Gaertner J C, Deslous P J M. Composition of biofouling communities on suspended oyster cultures: an in situ study of their interactions with the water column. Marine Ecology Progress Series, 2001, 214: 93–102.

[117] Millar R H. Ascidiacea. University Press, Cambridge. 1960, 160 pp.

[118] Milne P H. Fish farming: a guide to the design and construction of net enclosures. Marine Research, 1970, 1: 1–31.

[119] Miron G, Landry T, Philippe A, Frenette B. Effects of mussel culture husbandry practices on various benthic characteristics. Aquaculture, 2005, 250: 138–154.

[120] Moberg F, Ronnback P. Ecosystem services of the tropical seascape: interactions, substitutions and restoration. Ocean & Coastal Management, 2003, 46(1–2): 27–46.

[121] Moberg F, Folke C. Ecological goods and services of coral reef ecosystems. Ecological Economics, 1999, 29(2): 215–233.

[122] Mohammad M B M. Relationship between biofouling and growth of the pearl

oyster, *Pinctada fucafu*（Gould）in Kuwait, Arabian Gulf. Hydrobiologica, 1976, 51（2）: 129–138.

[123] Monniot C, Monnio, F. Additions to the inventory of eastern tropical Atlantic ascidians: arrival of cosmopolitan species. Bulletin of Marine Science, 1994, 54: 71–93.

[124] Mortensen S, Meeren T V D, Fosshagen A, Hernar I, Harkestad L, Torkildsen L, Bergh Ø. Mortality of scallop spat in cultivation, infested with tube dwelling bristle worms, *Polydora* sp. Aquaculture International, 2000, 8: 261–271.

[125] Dubost N, Masson C, Moreteau J C. Temperate freshwater fouling on floating net cages: method of evaluation, model and composition. Aquaculture, 1996, 143: 303–318.

[126] Newell R I E. Ecosystem influences of natural and cultivated populations of suspension–feeding bivalve molluscs: a review. Journal of Shellfish Research, 2004, 23（1）: 51–61.

[127] Nunes J P, Ferreira J G, Gazeau F, Lenceart–Silva J, Zhang X L, Zhu M Y, Fang J G. A model for sustainable management of shellfish polyculture in coastal bays. Aquaculture, 2003, 19: 257–277.

[128] Nylund G M, Pavia H. Chemical versus mechanical inhibition of fouling in the red alga *Delisea carnosa*. Mar Marine Ecology Progress Series, 2005, 299: 111–121.

[129] Nylund G M, Pavia H. Inhibitory effects of algal extracts on larval settlement of the barnacle *Balanus improvisus*. Marine Biology, 2003, 143: 875–882.

[130] O'Beirn F X, Ross P G, Luckenbach M W. Organisms associated with oysters cultured in floating systems in Virginia, USA. Journal of Shellfish Research, 2004, 23: 825–829.

[131] Osman R W, Withlatch R, Zajac R N. Effects of resident species on recruitment into a community: larval settlement versus post–settlement mortality in the oyster *Crassostrea virginica*. Marine Ecology Progress Series, 1989, 5: 61–73.

[132] Pang S J, Xiao T, Bao Y. Dynamic changes of total bacteria and Vibrio in an integrated seaweed–abalone culture system. Aquaculture, 2006, 252: 289–297.

[133] Parsons G J, Dadswell M J. Effect of stocking density on growth, production and survival of the giant scallop, held in intermediate suspension culture in

Passamaquoddy Bay, New Brunswick. Aquaculture, 1992, 103: 291–309.

[134] Paul J D, Davies I M. Effects of copper-and tin-based anti-fouling compounds on the growth of scallops (*Pecten maximus*) and oysters (*Crassostrea gigas*). Aquaculture, 1986, 54(3): 191–203.

[135] Petersen J K, Riisgård H U. Filtration capacity of the ascidian Ciona intestinalis and its grazing impact in a shallow fjord. Mar. Marine Ecology Progress Series, 1992, 88: 9–17.

[136] Peterson B J, Heck K L. Positive interactions between suspension-feeding bivalves and seagrass-a facultative mechanism. Marine Ecology Progress Series, 2001, 213: 143–155.

[137] Petrell R J, Tabrizi K M, Harrison P J, Druehl L D. Mathematical model of *Laminaria* production near a British Columbian salmon sea cage farm. Journal of Applied Phycology, 1993, 5: 135–144.

[138] Phillippi A L, O'Conner N J, Lewis A F, Kim Y K. Surface flocking as a possible anti-biofoulant. Aquaculture, 2001, 195: 225–238.

[139] Phillips D W, Towers G H N. Chemical ecology of red algal bromophenols. I. Temporal, interpopulational and within-thallus measurements of lanosol levels in Rhodo-mela larix (Turner) C. Agardh. Journal of Experimental Marine Biology and Ecology, 1982, 58(2-3): 285–293.

[140] Phillips M J, Beveridge M C, Ross L G. The environmental impact of salmonid cage culture on inland fisheries: present status and future trends. Journal of Fisheries Biology, 1985, 27: 123–137.

[141] Plough H H. Sea squirts of the Atlantic continental shelf from Maine to Texas. Baltimore, MD: Johns Hopkins University Press, 1978, 118 pp.

[142] Prins T C, Smaal A C. The role of the blue mussel *Mytilus edulis* in the cycling of nutrients in the Oosterschelde Estuary (The Netherlands). Hydrobiologia. 1994, 282–283: 413– 429.

[143] Prins T C, Smaal A C, Dame R F. A review of the feedbacks between bivalve grazing and ecosystem processes. Aquatic Ecology, 1998, 31: 349–359.

[144] Rajagopal S, Venugopalan V P, van der Velde G, Jenner H A. Mussel colonization of a high flow artificial benthic habitat: Byssogenesis holds the key. Marine Environmental Research, 2006, 62: 98–115.

[145] Reiswig H M. Particle feeding in natural populations of three marine demosponges. Biology Bulletin, 1972, 141: 568–591.

[146] Rice M A. Uptake of dissolved free amino acids by northern quahogs, Mercenaria mercenaria and its relative importance to organic nitrogen deposition in Narragansett Bay, Rhode Island. Journal of Shellfish Research, 1999, 18: 547–553.

[147] Robbins I J. The regulation of ingestion rate, at higher suspended particulate concentrations, by some Phleobranchiate ascidians. Journal of Experimental Marine Biology and Ecology, 1984, 82: 1–10.

[148] Romo H, Alveal K, Werlinger C. Growth of the commercial carrageenoPhyte *Sarcothalia crispata* (RhodoPhyta, Gigartinales) on suspended culture in central Chile. Journal of Applied Phycology, 2001, 13: 229–234.

[149] Ross K A, Thorpe J P, Norton T A, Brand A R. Fouling in scallop cultivation: help or hindrance? Journal of Shellfish Research, 2002, 21: 539–547.

[150] Saunders D A, Hobb R J, Margules C R. Biological consequence of ecosystem fragmentation: a review. Conservation Biology, 1991, 5(1):18–32.

[151] Schmitt T, Hay M, Lindquist, N. Constraints on chemically–mediated coevolution: Multiple functions for seaweed secondary metabolites. Ecology, 1995, 76: 107–123

[152] Sequeira A, Ferrira J G, Hawkins A J S, Nobre A, Lourenco P, Zhang X L, Yan X, Nickell T. Trade–offs between shellfish aquaculture and benthic biodiversity: A modeling approach for sustainable management. Aquaculture, 2008, 274(2–4): 313–328.

[153] Smaal A C, Van Stralen M R. Average annual growth and condition of mussels as a function of food source. Hydrobiologia, 1990, 195: 179–188.

[154] Steinberg P, De Nys R, Kjelleberg S. Chemical cues for surface colonization. Journal of Chemical Ecology, 1998, 28: 1935–1951.

[155] Steinberg P, Schneider R, Kjelleberg S. Chemical defenses of seaweeds against microbial colonization. Biodegradation, 1997, 8: 211–220.

[156] Strickland J D, Parson T R. A Practical Handbook of Seawater Analysis, 2nd ed. vol. 167. Bulletin of the Fish Research Board of Canada, Ottawa, Canada. 1972: 310.

[157] Stuart V, Klumpp D W. Evidence for food-resource partitioning by kelpbed filter feeders. Marine Ecology Progress Series, 1984, 16: 27-37.

[158] Su Z X, Xiao H, Huang L M. Effect of fouling organisms on food uptake and nutrient release of scallop *Chlamys nobilis* in Daya Bay. Journal of Huaihai Institute of Technology, 2008, 17: 61-64 (in Chinese with English abstract).

[159] Svane I, Havenhand J N. Spawning and dispersal in *Ciona intestinalis*. Marine Ecology, 1993, 14: 53-66.

[160] Swift M R, Fredriksson D W, Unrein A, Fullerton B, Patursson O, Baldwin K. Drag force acting on biofouled net panels. Aquacultural Engineering, 2006, 35, 292-299.

[161] Tang Q S, Guo X W, Sun Y, Zhang B. Ecological conversion efficiency and its influencers in twelve species of fish in the Yellow Sea Ecosystem. Journal of Marine Ecosystems, 2007,67: 282-291.

[162] Taylor J J, Southgate P C, Rose R A. Fouling animals and their effect on the growth of silver-lip oysters, *Pinctada maxima* (Jameson) in suspended culture. Aquaculture, 1997, 153: 31-40.

[163] Tenore K R, González N. Food chain patterns in the Ria de Arosa, Spain: an area of intense mussel aquaculture. 1976. In Proceedings of the 10th European Symposium on Marine Biology, Ostend, Belgium, September 17-23, 1975. Vol 2: Population dynamics of marine organisms in relation with nutrient cycling in shallow waters. Edited by G. Persoone and E. Jaspers. Universa Press, Wetteren. pp. 601-619.

[164] Tomassetti P, Persia E, Mercatali I, Vani D, Marusso V, Porrello S. Effects of mariculture on macrobenthic assemblages in a western mediterranean site. Marine Pollution Bulletin, 2009, 58: 533-541.

[165] Troell M, Ronnback P, Halling C, Kautsky N, Buschmann A. Ecological engineering in aquaculture: use of seaweeds for removing nutrients from intensive mariculture. Journal Applied Phycology, 1999, 11: 89- 97.

[166] Troell M, Ronnback P, Halling C. Ecological engineering in aquaculture: use of seaweeds for removing nutrients from intensive mariculture. Journal of applied Phycology, 1999, 11:89-97.

[167] Troell M, Halling C, Neori A, Chopin T, Buschmann A H, Kautsky N. and

Yarish, C. Integrated mariculture: asking the right questions. Aquaculture, 2003, 226: 69–90.

[168] Trzilova B. Results of finding Physiological groups of microorganisms from waters by using some new methods. Biology, 1976, 31（3）: 179–185.

[169] Uribe E, Etchepare I. Effects of biofouling by *Ciona intestinalis* on suspended culture of *Argopecten purpuratus* in Bahia Inglesa, Chile. Bulletin of the Aquaculture Association of Canada, 2002, 102: 93–95.

[170] Uribe E, Lodeiros C, Felix-Pico E, Etchepare I. Epibiontes en pectínidos de Iberoamérica. In: Maeda-Martínez, A.N.（Ed.）, Los Moluscos Pectínidos de Iberoamérica: Cienciay Acuicultura. Limusa, México, 2001. pp. 249–266.

[171] Van Name W G. The North and South American ascidians. Bulletin of the American Museum of Natural History, 1945, 84: 1–476.

[172] Vélez A, Freites L, Himmelman J H, Senior W, Marín N. Growth of the tropical scallop, *Euvola*（Pecten）*ziczac*, in bottom and suspended culture in the Golfo de Cariaco, Venezuela. Aquaculture, 1995, 136: 257–276.

[173] Ventilla R F. The scallop industry in Japan. Advances in Marine Biology, 1982, 20: 310–382.

[174] Waddell J The effect of oyster culture on eelgrass, *Zostera marina* L., growth. Thesis（MSc）, Humboldt College, Arcata, 1964.

[175] Walters L J, Hadfield M G, Smith C M. Waterborne chemical compounds in tropical macroalgae: positive and negative cues for larval settlement. Marine Biology, 1996, 126: 383–393.

[176] Wang Q X, Ma A Q, Shen S, Tang X X. Ecosystem service value assessment of coastal area in Lianyungang City using LANDSAT images. Proceedings of SPIE, Remote sensing of the marine environment, 2006, 6406: DOI:10.1117/12.693272.

[177] Zheng W, Shi H, Chen S, Zhu M. Benefit and cost analysis of mariculture based on ecosystem services. Ecological Economics, 2009, 68（6）: 1626–1632.

[178] Copisarow M. Marine fouling and its prevention. Science, 1945, 101（2625）: 406–407.

[179] Widman J C, Rhodes E W. Nursery culture of the bay scallop, *Argopecten irradians* irradians, in suspended mesh nets. Aquaculture, 1991, 99: 257–267.

[180] Wildish D J, Pohle G W. Benthic marcofaunal changes resulting from finfish mariculture and its impacts in Chinese coastal waters. Reviews in fish biology and fisheries, 2005,14:1-10.

[181] Wildish D J, Kristmanson D D. Growth response of giant scallops to periodicity of flow. Marine Ecology Progress Series, 1988, 42: 163-169.

[182] William K, de la M. Marine ecosystem-based management as a hierarchical control system. Marine policy, 2005, 29:57-68.

[183] Wilson E O. The diversity of life. New York: Norton, 1992.

[184] Wong Y S, Huang Z G, Lau A P S, Liu W H. Biofouling communities on piers in Victoria Harbour. Acta Oceanologica Sinica, 1999, 21: 86-92（in Chinese with English abstract）.

[185] Yang Y F, Li C H, Nie X P, Tang D L, Chung I K K. Development of mariculture and its impacts in Chinese coastal waters. Reviews in Fish Biology and Fisheries, 2004, 14:1-10.

[186] Yang H S, Zhou Y, Mao Y Z, Li X X, Liu Y, Zhang F S. Growth characters and Photosynthetic capacity of *Gracilaria lemaneiformis* as a biofilter in a shellfish farming area in Sanggou Bay, China. Journal of Applied Phycology, 2005, 17: 199-206.

[187] Zhang J H, Hansen P K, Fang J G, Wang W, Jiang Z J. Assessment of the local environmental impact of intensive marine shellfish and seaweed farming-application of the MOM system in the Sungo Bay, China. Aquaculture, 2009, 287: 304-310.

[188] Zheng D Q, Huang Z G. Fouling organisms on mariculture cages in Daya Bay, China. Journal of Fishery of China, 2005, 14: 15-24（in Chinese, with English abstract）.

[189] 蔡立胜,方建光,梁兴明. 规模化浅海养殖水域沉积作用的初步研究. 中国水产科学, 2003, 4:305-310.

[190] 曹善茂,张丛尧,张国范,邬玉静. 海洋贝类养殖网笼污损生物类群的研究. 大连水产学院学报, 1998, 13（4）:16-22.

[191] 陈国强,陈鹏. 厦门滨海自然湿地生态系统服务价值的变化研究. 福建林业科技, 2006, 33（3）:91-95.

[192] 陈皓文. 桑沟湾表层水细菌与生态环境因子的关系. 海洋环境科学, 2001,

20(3):29-33.

[193] 陈聚法,赵俊,孙耀,方建光. 桑沟湾贝类养殖水域沉积物再悬浮的动力机制及其对水体中营养盐的影响. 海洋水产研究,2007,28(3):105-111.

[194] 陈尚,张朝晖,马艳,石洪华,马安青,郑伟,王其翔,彭亚林,刘键. 我国海洋生态系统服务功能及其价值评估研究计划. 地球科学进展,2006,21(11):59-65.

[195] 董双林,李德尚,潘克厚. 论海水养殖的容量研究. 青岛海洋大学学报,1998,28(2):245-250.

[196] 董双林,潘克厚. 海水养殖对沿岸生态环境影响的研究进展. 青岛海洋大学学报,2000,30(4):575-582.

[197] 方建光,匡世焕,孙慧玲,孙耀,周诗赉,宋云利,崔毅,赵俊,杨琴芳,李锋,张爱君,王兴章,汤庭耀. 桑沟湾栉孔扇贝养殖容量的研究. 海洋水产研究,1996,17(2):18-31.

[198] 方建光,孙慧玲,匡世焕,孙耀,周诗赉,宋云利,崔毅,赵俊,杨琴芳,李锋,张爱君,王兴章,汤庭耀. 桑沟湾海水养殖现状评估及优化措施. 海洋水产研究,1996,17(2):95-102.

[199] 韩秋影,黄小平,施平,张景平. 广西合浦海草床生态系统服务功能价值评估. 海洋通报,2007,26(3):33-38.

[200] 韩维栋,高秀梅,卢昌义,林鹏. 中国红树林生态系统生态价值评估. 生态科学,2000,19(1):40-46.

[201] 郝永俊,吴松维,吴伟祥,陈英旭. 好氧氨氧化菌的种群生态学研究进展. 生态学报,2007,27(4):1573-1582.

[202] 胡海燕,卢继武,杨红生. 大型藻类对海水鱼类养殖水体的生态调控. 海洋科学,2003,27(2):19-21.

[203] 黄凤莲,夏北成,戴欣,陈桂珠. 滩涂海水种植养殖系统细菌生态学研究. 应用生态学报,2004a,15(6):1030-1034.

[204] 黄凤莲,张寒冰,夏北成,陈桂珠. 光合细菌在环境治理中的应用. 广州环境科学,2004c,19(3):1-5.

[205] 黄凤莲,张寒冰,夏北成,戴欣,陈桂珠. 滩涂种植养殖系统换水周期内细菌的消长动态研究. 中山大学学报,2004b,27(6):69-72.

[206] 季如宝,毛兴华,朱明远. 贝类养殖对海湾生态系统的影响. 黄渤海海洋,1998,16(1):21-27.

[207] 蒋增杰,方建光,门强,王巍. 桑沟湾贝类筏式养殖与环境相互作用研究. 南方水产, 2006, 2:23-29.

[208] 蒋增杰,方建光,张继红,毛玉泽,王巍. 桑沟湾沉积物重金属含量分布及潜在生态危害评价. 农业环境科学学报, 2008, 27(1):0301-0305.

[209] 李阜棣,喻子牛,何绍江. 农业微生物学实验技术. 北京:中国农业出版社, 1996.

[210] 李洪波,肖天,赵三军,岳海东. 海洋异养浮游细菌参数的测定和估算. 海洋科学, 2005, 29(2):58-63.

[211] 李加林,张忍顺. 互花米草海滩生态系统服务功能及其生态经济价值评估——以江苏为例. 海洋科学, 2003, 27(10):68-72.

[212] 李克元,刘忠颖. 柄海鞘对栉孔扇贝养殖的危害和预防措施. 水产科学, 1999, 18(1):25-27.

[213] 连岩. 桑沟湾海水化学调查. 黄渤海海洋, 1998, 16(3):60-66.

[214] 刘慧,方建光,董双林,梁兴明,姜卫蔚,王立超,连岩. 莱州湾和桑沟湾养殖海区浮游植物的研究Ⅰ. 海洋水产研究, 2003b, 24(2):9-17.

[215] 刘慧,方建光,董双林,梁兴明,姜卫蔚,王立超,连岩. 莱州湾和桑沟湾养殖海区浮游植物的研究Ⅱ. 海洋水产研究, 2003a, 24(3):20-28.

[216] 刘向华. 选择生态系统核心服务功能标准探讨. 安徽农业科学, 2007, 35(23):7289-7290.

[217] 卢振斌,杜琦,许翠娅,钱小明,方明杰,蔡清海. 福建泉州湾贝类养殖容量评估. 热带海洋学报, 2005, 24(4):22-29.

[218] 马育军,黄贤金,许妙苗,钟太洋,杜文星. 江苏省沿海滩涂开发的生态系统服务价值响应研究. 中国土地科学, 2006, 20(4):28-34.

[219] 马悦欣,邵华,周一兵,刘长发,李强,谭宏亮. 沙蚕闭合循环式养殖系统中细菌的数量及其代谢活性. 大连水产学院学报, 2005, 20(3):174-180.

[220] 毛玉泽,杨红生,王如才. 大型藻类在综合海水养殖系统中的生物修复作用. 中国水产科学, 2005, 12(2):225-231.

[221] 毛玉泽,周毅,杨红生,袁秀堂,文海翔,王如才. 长牡蛎(Crassostrea gigas)代谢率的季节变化及其与夏季死亡关系的探讨. 海洋与湖沼, 2005, 36(5):445-451.

[222] 毛玉泽. 贝藻综合养殖系统中大型藻类的生态调控作用和微生物动力学研究. 中国水产科学研究院黄海水产研究所博士后出站报告. 2008.

[223] 毛玉泽. 桑沟湾滤食性贝类养殖对环境的影响及其生态调控. 中国海洋大学博士论文, 2004.

[224] 慕建东. 渤海渔业水域生态环境质量状况评价. 青岛: 中国海洋大学硕士学位论文, 2009.

[225] 彭本荣, 洪华生, 陈伟琪, 薛雄志, 曹秀丽, 彭晋平. 填海造地生态损害评估: 理论、方法及应用研究. 自然资源学报, 2005, 20(5): 714-726.

[226] 邱照宇, 娄安刚, 杜鹏, 曹振东, 于晓杰. 应用 RCA 模型对桑沟湾水质的模拟研究. 海洋环境科学, 2010, 29(5): 736-740.

[227] 唐启升. 2010. 碳汇渔业与海水养殖业——一个战略性的新兴产业. www. ysfri. ac. cn/tanhuiyuye. doc.

[228] 申玉春, 熊帮喜, 业富良, 阮芳. 虾鱼贝藻生态优化养殖及其水质生物调控技术研究. 生态学杂志, 2005, 24(6): 613-618.

[229] 石洪华, 郑伟, 丁德文, 吕吉斌, 张学雷. 典型海洋生态系统服务功能及价值评估—以桑沟湾为例. 海洋环境科学, 2008, 2: 101-104.

[230] 隋锡林, 孙景伟, 王富贵, 王军, 王鉴, 胡庆明, 薛克, 王笑月, 王志松. 大连沿海太平洋牡蛎大量死亡原因解析. 大连水产学院学报, 2002, 17(4): 272-278.

[231] 孙丕喜, 张朝晖, 郝林华, 王波, 王宗灵, 刘萍, 连岩, 常忠岳, 谢琳萍. 桑沟湾海水营养盐分布及潜在性富营养化分析. 海洋科学进展, 2007, 25(4): 436-445.

[232] 孙耀, 赵俊, 周诗赉, 宋云利, 崔毅, 陈聚法, 方建光, 孙慧玲, 匡世焕. 桑沟湾养殖海域的水环境特征. 中国水产科学, 1998, 5(3): 69-75.

[233] 汪永华, 胡玉佳. 海南新村海湾生态系统服务恢复的条件价值评估. 长江大学学报(自科版), 2005, 2(2): 83-88.

[234] 王国祥, 濮培民, 黄宜凯, 张圣照. 太湖反硝化、硝化、亚硝化及氨化细菌分布及其作用. 应用与环境生物学报, 1998, 5(2): 190-194.

[235] 吴荣军, 张学雷, 朱明远, 郑有飞. 养殖海带的生长模型研究. 海洋通报, 2009, 28(2): 34-40.

[236] 武晋宣. 桑沟湾养殖海域氮、磷收支及环境容量模型. 青岛: 中国海洋大学硕士学位论文, 2005.

[237] 辛福言, 崔毅, 陈聚法, 宋建忠, 曲克明, 马绍赛. 乳山湾表层沉积物质量现状及其评价. 海洋水产研究, 2004, 25(6): 42-46.

[238] 辛琨,赵广孺,孙娟,刘强. 红树林土壤吸附重金属生态功能价值估算——以海南省东寨港红树林为例. 生态学杂志,2005,24(2):206-208.

[239] 徐丛春,韩增林. 海洋生态系统服务价值的估算框架构筑. 生态经济,2003,10:199-200.

[240] 徐怀恕,杨学忠,李筠著. 对虾苗期细菌病害的诊断与控制. 北京:海洋出版社,1999.

[241] 徐姗楠,徐培民. 我国赤潮频发现象分析与海藻栽培生物修复作用. 水产学报,2006,30(4):554-561.

[242] 杨红生,王建,周毅. 烟台浅海区不同养殖系统养殖效果的比较. 水产学报,2000,24(2):140-145.

[243] 杨红生,张涛,王萍,何义朝,张福绥. 温度对墨西哥扇贝耗氧率及排泄率的影响. 海洋学报,1998,20(4):91-97.

[244] 杨清伟,蓝崇钰,辛琨. 广东—海南海岸带生态系统服务价值评估. 海洋环境科学,2003,2(4):25-29.

[245] 叶属峰,纪焕红,曹恋,黄秀清. 长江口海域赤潮成因及其防治对策. 海洋科学,2004,28(5):26-32.

[246] 袁秀堂,杨红生,周毅,毛玉泽,许强,王丽丽. 刺参对浅海筏式贝类养殖系统的修复潜力. 应用生态学报,2008,19(4):866-872.

[247] 岳维忠,黄小平,黄良民,谭烨辉,殷健强. 大型藻类净化养殖水体的初步研究. 海洋环境科学,2004,23(1):13-40.

[248] 曾江宁,陈全震,高爱根. 海洋生态系统服务功能与价值评估研究进展. 海洋开发与管理,2005,(4):12-17.

[249] 张朝晖,吕吉斌,丁德文. 海洋生态系统服务的来源与实现. 生态学杂志,2006,25(12):1574-1579.

[250] 张朝晖,吕吉斌,叶属峰,朱明远. 桑沟湾海洋生态系统的服务价值. 应用生态学报,2007b,18(11):2540-2547.

[251] 张朝晖,吕吉斌,丁德文. 海洋生态系统服务的分类与计量. 海岸工程,2007a,26(1):57-63.

[252] 张福绥,杨红生. 山东沿岸夏季栉孔扇贝大规模死亡原因的分析. 海洋科学,1999,1:44-47.

[253] 张继红,方建光,唐启升. 中国浅海贝藻养殖对海洋碳循环的贡献. 地球科学进展,2005,20(3):359-263.

[254] 张继红,方建光. 栉孔扇贝对春季桑沟湾颗粒有机物的摄食压力. 水产学报,2006(30):277-280.

[255] 张莉红,张学雷,李瑞香,王宗灵,李艳,王立超,连岩,刘瑶. 桑沟湾扇贝养殖对甲藻数量的影响. 海洋科学进展,2005,23(3):342-346.

[256] 郑华,欧阳志云,赵同谦,李振新,徐卫华. 人类活动对生态系统服务功能的影响. 自然资源学报,2003,18(1):118-126.

[257] 郑伟. 海洋生态系统服务及其价值评估应用研究. 中国海洋大学博士论文,2008.

[258] 中国渔业统计年鉴. 中国农业出版社,2007.

[259] 周毅,杨红生,刘石林,何义朝,张福绥. 烟台四十里湾浅海养殖生物及附着生物的化学组成、有机净生产量及其生态效应. 水产学报,2002,26(1):21-27.

[260] 周毅. 滤食性贝类筏式养殖对浅海生态环境影响的基础研究. 2000. 中国科学院海洋研究所博士学位论文.

[261] 朱明远,张学雷,李瑞香,陈尚. 贝类养殖对沿岸生态系统的影响. 青岛海洋大学学报,2000,30(2):53-37.

后 记

　　生态系统服务及其价值评估是一门生态学、社会学与经济学的交叉科学，在生态系统管理中具有广阔的应用前景。本研究在国家重点基础研究发展规划（973）项目（2006CB400608）和国家自然科学基金（31101915）等项目的资助下，开展了桑沟湾养殖生态系统服务及其价值评估的研究，为健康养殖模式研究提供了新思路。

　　本书由中国科学院烟台海岸带研究所刘红梅负责拟定内容框架并统稿全书，中国水产科学研究院黄海水产研究所方建光定稿。参加撰写的主要人员有：中国科学院烟台海岸带研究所刘红梅（第一、二、三、四、五、六章），中国水产科学研究院黄海水产研究所张继红（第一、二、六章）、毛玉泽（第一、二、六章），中国水产科学研究院南海水产研究所齐占会（第一、二、六章）。本书在研究内容的设计上有幸得到唐启升院士的指导，在此，我代表本书作者对唐院士表示诚挚的谢意！

　　限于作者水平和开展海水养殖生态系统服务及价值定量研究尚属探索阶段，文中有关问题的分析、阐述还有待进一步深入，书中难免存在差错或不完善之处，诚挚希望关心、支持本研究领域的同行们提出宝贵的意见和建议。

刘红梅

2013 年 12 月于烟台